Kerstin Reuter-Hack

Hochtemperaturaufladung von gasgetragenen Partikelsystemen

Hochtemperaturaufladung von gasgetragenen Partikelsystemen

von
Kerstin Reuter-Hack

KIT Scientific Publishing

Dissertation, Karlsruher Institut für Technologie
Fakultät für Chemieingenieurwesen und Verfahrenstechnik, 2011
Referenten: Prof. Dr. Gerhard Kasper, Prof. Dr. Alfred Weber

Impressum

Karlsruher Institut für Technologie (KIT)
KIT Scientific Publishing
Straße am Forum 2
D-76131 Karlsruhe
www.ksp.kit.edu

KIT – Universität des Landes Baden-Württemberg und nationales
Forschungszentrum in der Helmholtz-Gemeinschaft

KIT Scientific Publishing 2011
Print on Demand

ISBN 978-3-86644-746-2

Hochtemperaturaufladung von gasgetragenen Partikelsystemen

zur Erlangung des akademischen Grades eines

DOKTORS DER INGENIEURWISSENSCHAFTEN (Dr.-Ing.)

der Fakultät für Chemieingenieurwesen und Verfahrenstechnik des

Karlsruher Institut für Technologie (KIT)

genehmigte
DISSERTATION

von

(Dipl.-Ing.) Kerstin Reuter-Hack

aus Ottweiler

Referent:	Prof. Dr. Gerhard Kasper
Korreferent:	Prof. Dr. Alfred Weber
Tag der mündlichen Prüfung:	11.02.2011

Für meinen Vater

Vorwort

Diese Dissertation ist das Resultat meiner Arbeit als wissenschaftliche Mitarbeiterin am Institut für Mechanische Verfahrenstechnik und Mechanik, Bereich Gas-Partikel-Systeme der Universität Karlsruhe (April 2004 - März 2009) unter Leitung von Herrn Prof. Gerhard Kasper.

Ich möchte die Gelegenheit nutzen, um mich bei Herrn Gerhard Kasper ganz herzlich für das mir persönlich entgegengebrachte Vertrauen und das meiner Arbeit entgegengebrachte Interesse bedanken. Die wissenschaftliche Freiheit, die er mir gewährt hat, ist sicher nicht selbstverständlich. Ich habe sie sehr genossen. Neben meiner eigentlichen Tätigkeit durfte ich auch eigenverantwortliche Messungen außer Haus durchführen, so dass ich einen kleinen Einblick gewinnen konnte, wie das Arbeitsleben ausserhalb der Universität aussieht. Zur Verbreiterung der Perspektive und zum Austausch in der wissenschaftlichen Community durfte ich an diversen Konferenzen aktiv teilnehmen. Dabei konnte ich mit zahlreichen Fachkollegen in abwechslungsreichem kulturellem Umfeld spannende Diskussionen führen.

Herrn Prof. Alfred Weber danke ich für die Übernahme des Korreferates und für seine Art Vorlesungen zu halten. Seine Begeisterung für Aerosolthemen wirkte so ansteckend, dass ich seinetwegen in der Gas-Partikel-Arbeitsgruppe gelandet bin. Vor allem sein unerschütterlicher Optimismus hat mich oft beflügelt, so dass manches hoffnungslos scheinende Experiment doch noch zu einem guten Ende geführt werden konnte.

Herr Dr. Jörg Meyer hat die Arbeit im Labor mit betreut. Er war mein erster Ansprechpartner bei Problemen wie Erfolgen. Egal wie abstrus und widersprüchlich alles schien, wie wenig ein neues Ergebnis zu den vorherigen zu passen schien, er hatte auf Basis seines reichen Erfahrungsschatzes noch eine Idee oder einen Vorschlag, wie doch alles zusammen passen könnte. Er war mein Fels in der Brandung und gab mir bei allen Freiheiten stets das beruhigende Gefühl, nicht völlig auf mich allein gestellt zu sein.

Frau Julia Hellert möchte ich für ihren unermüdlichen Einsatz als Hilfswissenschaftlerin danken, beim Sammeln von experimentellen Daten war sie mir stets eine große Hilfe und ausserdem eine verständige Diskussionspartnerin.

Herrn Till van der Zwaag danke ich für die immer gute und produktive Zusammenarbeit.

Herr Dr. Heinz Umhauer hat mir durch seine persönliche Wertschätzung und manchen fachlichen Hinweis sehr geholfen.

Frau Beate Brucklacher möchte ich dafür danken, dass sie die gute Seele der Arbeitsgruppe ist und es mir darüber hinaus ermöglicht hat, in Karlsruhe zu arbeiten obwohl ich keine eigene Wohnung mehr dort hatte.

Zum Gelingen der Arbeit trugen außerdem Herr Wolf-Rainer Dammert, Herr Friedhelm Klingel und Herr Karl-Heinz Weiß, sowie Herr Uwe Albrecht und Herr Dieter Zimmermann bei. Ein herzliches Dankeschön für die unkomplizierte Zusammenarbeit.

Meinen Kollegen der eigenen, aber auch der anderen Arbeitsgruppen danke ich für die gute Arbeitsatmosphäre.

Zu guter Letzt möchte ich meiner Familie und besonders meinem Ehemann Sebastian dafür danken, dass sie immer an mich geglaubt und mich immer unterstützt haben.

Inhaltsverzeichnis

1 Einleitung **1**

2 Theoretische Grundlagen **5**

2.1 Thermionische Elektronenemission 5

2.1.1 Die Auswirkung der Raumladung auf die thermionische Elektronenemission im Vakuum 8

2.1.2 Der Effekt unterschiedlicher Gase auf die thermionische Elektronenemission 10

2.1.3 Austrittsarbeit 13

2.2 Emission positiver Ionen 21

2.3 Theorie zur Partikelaufladung durch Ladungsanlagerung 22

2.3.1 Mechanismen der Anlagerung von Ladungsträgern an Partikeln 22

2.3.2 Diffusionsaufladung im Kontinuumsbereich (Kn $\ll$ 1) 24

2.3.3 Aufladung im Übergangsbereich (Kn $\approx$ 1) 25

2.4 Einfluss des angelegten elektrischen Feldes auf die Aufladung der Partikeln 30

2.5 Thermische Gasionisation 32

2.6 Elektrostatische Dispersion 33

2.7 Rekombination geladener Teilchen 34

2.8 Berechnung relevanter Gas- und Partikeldaten 35

2.8.1 Typische Gasparameter 40

3 Hypothese zu den bei der Hochtemperaturaufladung ablaufenden Prozessen **41**

4 Experimentelle Validierung der Aufladungshypothese **47**

4.1 Vorbemerkungen zu Partikelgenerierung und axialem Temperaturprofil . . . 49
4.1.1 Partikelgenerierung . . . 49
4.1.2 Axiales Temperaturprofil . . . 51
4.2 Messungen der mittleren Partikelladung nach Ofenpassage ohne äußere Beeinflussung . . . 52
4.2.1 Ofentemperatureinfluss . . . 52
4.2.2 Einfluss der Partikelkonzentration auf die mittlere Partikelladung . . . 56
4.2.3 Partikelgrößeneinfluss auf die mittlere Partikelladung . . . 58
4.3 Messungen der mittleren Partikelladung nach Ofenpassage und äußerer Beeinflussung . . . 59
4.3.1 Partikelgrößeneinfluss: Feld- oder Diffusionsaufladung . . . 60
4.3.2 Einfluss der Stärke des elektrischen Feldes . . . 63
4.4 Messungen der Ladungsverteilung . . . 72
4.5 Untersuchungen zum Einfluss des Trägergases . . . 80
4.5.1 Vorbemerkungen zum theoretischen Trägergaseinfluss . . . 80
4.5.2 Messung der Nettoladung partikelfreier Trägergase . . . 81
4.6 Bestimmung der mittleren Partikelladung mittels Hochtemperatur-Expansionsdüse . . . 87

5 Einfluss des Trägergases auf die Partikelaufladung 89
5.1 Messungen an Pt in CO_2 - Vergleichbarkeit mit Luft . . . 89
5.2 Messungen an Pt - Vergleich Luft, N_2, He . . . 90

6 Modellierung der Hochtemperaturpartikelaufladung 95
6.1 Thermische Elektronenemission . . . 96
6.2 Diffusionsaufladung . . . 97
6.2.1 Negative Ionenanzahlkonzentration n_n . . . 98
6.2.2 Positive Ionenkonzentration n_p . . . 99
6.3 Implementierung des Modells . . . 100

7 Modellrechnungen 103
7.1 Ioneneigenschaften . . . 103

7.2 Variation der Ionisierungsenergie 106
7.3 Variation der Austrittsarbeit des Rohres 109
7.4 Partikelgrößenabhängigkeit 111
7.5 Konzentrationseinfluss 112
7.6 Temperaturanpassung der Partikelaustrittsarbeit 114
7.7 Diskussion der Modellierung 115
7.7.1 Verlauf der mittleren Partikelladung entlang des Temperaturprofils 117
7.7.2 Betrachtung zum Einfluss des elektrischen Feldes 121

8 Zusammenfassung 123

A Versinterung der Titandioxidpartikeln 129

B Verlauf der konzentrationsabhängigen mittleren Partikelladung entlang des Ofens 131

C Formelzeichen und Abkürzungen 133

D Abbildungsverzeichnis 135

E Tabellenverzeichnis 139

F Literaturverzeichnis 141

1. Einleitung

Gasgetragene Partikeln kommen überall in der Umwelt vor, sei es in der Atmosphäre oder in technischen Systemen. Während die Partikeln in manchen technischen Systemen (beispielsweise der Nanopartikelsynthese mittels CVS) erwünscht bzw. das Zielprodukt eines Prozesses sind, stören sie in anderen Systemen (wie z.B. der Kohleverstromung oder ganz allgemein in Verbrennungsprozessen). Beiden Fällen gemeinsam ist, dass die Partikeln letztlich aus dem Trägergas entfernt werden müssen. Eine Möglichkeit hierfür bietet die elektrostatische Abscheidung der Partikeln, unter der Voraussetzung, dass diese eine ausreichend hohe Ladung tragen.

Hohe Ladungszustände der Partikeln lassen sich neben der Aufladung mittels einer Korona (also in einem kalten Plasma) oder der photoelektrischen Aufladung auch durch thermische Aufladungsprozesse erreichen. Letzteres bietet sich in vielen Fällen an, da ein signifikanter Anteil aller gasgetragener Partikeln (ob Zielprodukt, oder unerwünschtes Nebenprodukt) ohnehin in Hochtemperaturumgebungen (z. B. in Heißwandreaktoren oder offenen Flammen) erzeugt werden, oder im Laufe der Produktionskette erhöhten Temperaturen (beispielsweise zu Versinterungszwecken) ausgesetzt sind. In einigen Anwendungen (insbesondere zum Betrieb einer Gasturbine nach der Kohleverbrennung) wird sogar die Abscheidung der Partikeln aus dem Gasstrom direkt bei hohen Temperaturen angestrebt.

Unter der Einwirkungen der hohen Temperatur verändert sich der Ladungszustand der gasgetragenen Partikeln aufgrund von thermischen Elektronenemissionsvorgängen, meist erreichen die Partikeln dabei zumindest zwischenzeitlich ein hohes Ladungsniveau. Auf geladene Objekte wirken im elektrischen Feld Kräfte, so dass die Partikelladung eine Möglichkeit bietet, die Partikeln gezielt auch relativ zur Trägergasströmung zu bewegen.

Wenn es also gelingt, die hohe Partikelladung (gleich welcher Polarität) zu konservieren, bieten sich neben der Hochtemperaturgasreinigung auch Möglichkeiten ganz allgemein in der Handhabung von gasgetragenen Partikelsystemen, beispielsweise in der Partikelmesstechnik.

Obwohl sowohl die thermische Elektronenemissionen als auch die Partikelaufladung durch Ladungsanlagerung sowie die thermische Gasionisation in der Literatur ausführlich behandelt werden (vgl. Kapitel 2), existiert meines Wissens nach lediglich eine Arbeit, in welcher versucht wird, das technisch relevante Gesamtsystem zu beschreiben, nämlich die Vorgängerarbeit von Frau Schiel [Sch06].

Eine Konservierung, beziehungsweise gezielte Manipulation, der Partikelladung setzt ein tiefergehendes Verständnis aller ablaufenden Prozesse voraus. Daher ist die Problemstellung der vorliegenden Arbeit eine gründliche Untersuchung der grundlegenden Phänomene, welche zur Aufladung von gasgetragenen (rohrumschlossenen) Partikelsystemen bei hohen Temperaturen führen. Dieses Ziel wird durch Experimente, Modellbildung und Simulation verfolgt.

Da das Gesamtsystem ausgesprochen komplex ist, erfolgt im Rahmen dieser Arbeit der Versuch, die Rollen, welche die einzelnen Komponenten bei der Hochtemperaturaufladung der Partikeln spielen, so weit wie möglich isoliert voneinander zu betrachten und zu quantifizieren, was sich allerdings nicht immer erreichen läßt. So ist es im vorliegenden System beispielsweise nicht möglich, die Partikeln hoher Temperatur auszusetzen ohne das Trägergas gleichzeitig aufzuheizen.

Der experimentelle Lösungsansatz beinhaltet daher

1. die systematische Untersuchung der verfahrenstechnisch bedeutensten Prozessparameter Temperatur, Partikelanzahlkonzentration und Partikelgröße.

2. die Variation der für die thermische Elektronenemission von der Partikeloberfläche entscheidenden Elektronenaustrittsarbeit, um ihren Einfluss auf die Hochtemperaturaufladung der gasgetragenen Partikeln abschätzen zu können.

3. die Einbeziehung unterschiedlicher Trägergase. Hierbei wird das Hauptaugenmerk auf der Ionisierungsenergie liegen, um feststellen zu können, ob das Gas über die Bildung von freien Elektronen und positiven Gasionen direkten Einfluss auf die Partikelaufladung hat.

   Daneben wird die mögliche Ionisierung der Trägergase infolge erhöhter Temperatur auch im partikelfreien Fall und somit als isolierter Mechanismus untersucht.

Auf Basis der experimentellen Ergebnisse wird eine Modellvorstellung entwickelt und soweit als möglich in eine Simulation umgesetzt. Teil der Strategie ist auch, Experiment, Hypothese und Simulation immer wieder gegeneinander abzugleichen.

Die vorliegenden Arbeit gliedert sich folgendermaßen:

Die bekannten theoretischen Grundlagen insbesondere zur thermionischen Elektronenemission, zur thermischen Emission positiver Ionen, zur Aufladung mittels Diffusion, zur Feldaufladung, zur thermischen Gasionisation, sowie zur elektrostatischen Dispersion und zur Rekombination geladener Teilchen werden in Kapitel 2 beschrieben.

In Kapitel 3 wird eine Hypothese entwickelt, zu Auswirkungen die die ablaufenden Grundprozesse im Gesamtsystem aus Partikeln, Trägergas und Rohr im Einzelnen auf den Ladungszustand der Partikeln haben.

In Kapitel 4 erfolgt die Validierung der Aufladehypothese mit Hilfe experimenteller Daten. Zunächst werden der experimentelle Aufbau, die Partikelgenerierung und das sich im Ofen ausbildende Temperaturprofil beschrieben. Messungen zum Ofentemperatureinfluss, dem Einfluss der Partikelkonzentration sowie der Partikelgröße auf die mittlere Partikelladung ohne äußere Beeinflussung werden in diesem Kapitel ebenso dargestellt wie der Einfluss eines anliegenden elektrischen Feldes auf die mittlere Partikelladung. Für das genauere Verständnis unabdingbar ist die ausführliche Darstellung der experimentell ermittelten Ladungsverteilungen. Im Anschluss daran werden die Versuche zur Ionisierung des Trägergases beschrieben. Am Ende des Kapitels findet sich die Beschreibung einer alternativen Methode zur Bestimmung der mittleren Partikelladung.

Der konkrete Einfluss von verschiedenen Trägergasen mit stark unterschiedlicher Ionisierungsenergie wird in Kapitel 5 anhand experimenteller Daten veranschaulicht.

In Kapitel 6 werden die zur Modellierung herangezogenen Gleichungen zusammengefaßt, ausserdem wird die Modellierung erläutert.

Die Ergebnisse der Modellierungsrechnungen werden in Kapitel 7 dargestellt. Dabei werden der Einfluss der Ioneneigenschaften, der zur Ionisierung des Trägergases nötigen Energie, die Auswirkungen der Austrittsarbeit des Rohrmaterials, sowie die Partikelgrößenabhängigkeit und der Partikelkonzentrationseinfluss beleuchtet, sowie eine temperaturabhängige Änderung der Partikelaustrittsarbeit vorgenommen. Im Anschluss wird die Modellierung diskutiert und zwar insbesondere hinsichtlich der Entwicklung der mittleren Partikelladung entlang des Weges durch den Ofen. Darüber hinaus werden die Simulationsergebnisse zu den Versuchsergebnissen bezüglich des Feldeinflusses in Beziehung gesetzt.

Schließlich wird die Arbeit in Kapitel 8 zusammengefasst.

2. Theoretische Grundlagen

2.1. Thermionische Elektronenemission

Die thermionische Emission wurde 1883 von Edison (Edison-Effekt) entdeckt. Bereits 1899 konnte Thomson zeigen, dass es sich bei den dabei emittierten Ladungsträgern um Elektronen handelt [Tho99]. „Heute verbindet man mit dem Begriff alle Phänomene, die sich mit der Emission von Elektronen oder positiven Ionen aus einem Feststoff bei genügend hoher Temperatur beschäftigen" [CO58]. Redhead gibt einen Überblick über die historische Entwicklung [Red98]. In der Anfangszeit der Erforschung der thermischen Emission von Elektronen herrschten zwei Hauptströmungen vor. Vor allem in Deutschland ging man davon aus, dass die thermische Emission von Elektronen auf chemische Reaktionen zwischen der heißen Metalloberfläche und nicht gänzlich entfernbaren Gasmolekülen zurückzuführen sei [Fre14]. Richardson [Ric13], Langmuir und andere vertraten hingegen die Ansicht, dass der Effekt rein thermisch bedingt sei.

Die Stromdichte j der Elektronen, die von der homogenen Oberfläche eines reinen Metalls der Temperatur T emittiert werden, läßt sich nach der Richardson-Laue-Dushman Gleichung zu

$$j = A \cdot (1-r) \cdot T^2 \cdot \exp\left[-\frac{\Phi_A}{k \cdot T}\right] \qquad [2.1]$$

bestimmen. Dabei ist A die Richardsonkonsante, r der Reflexionskoeffizient, Φ_A die Elektronenaustrittsarbeit und k die Boltzmannkonstante. Die prinzipielle Anwendbarkeit der Richardsongleichung[1] zur Beschreibung des thermionischen Verhaltens von reinen Metallen im Vakuum wurde experimentell unter anderem von Stökle [Sto16] für Molybdän, sowie von Davisson [DG22] für Wolfram und von Dushmann [DREK25] für Wolfram und Tantal gezeigt.

Wehnelt [Weh04] konnte die Anwendbarkeit der Richardson Gleichung auch für Metalloxide nachweisen. Jentzsch [Jen08] bestätigte die Richardsongleichung für ein Oxid der Lanthanreihe sowie für etwa 20 weitere Metalloxide darunter Aluminiumoxid und

[1] ohne den Faktor (1-r)

Kupferoxid. Auch Wilson [Wil17] kommt zu dem Schluss, dass die thermionische Emission aus Metalloxiden analog zu derjenigen aus reinen Metallen verläuft, und dass Richardsons Hypothese über die Aussendung von Elektronen aus heißen Körpern korrekt ist.

Theoretisch lässt sich die **Konstante A**[2] für Metalle aus grundlegenden physikalischen Konstanten berechnen

$$A = \frac{4 \cdot \pi \cdot m \cdot k^2 \cdot e}{h^3} = 1{,}20 \cdot 10^6 \frac{\mathrm{C}}{\mathrm{m}^2 \cdot \mathrm{K}^2 \cdot \mathrm{s}} \qquad [2.2]$$

wobei e die Elementarladung, k die Boltzmannkonstante und h das Plancksche Wirkungsquantum sind. Experimentell wurden für einige Metalle (Wolfram, Tantal und Molybdän) Werte von A gefunden, die niedriger als der theoretische Wert liegen. Reimann [Rei34] zufolge liegt die Erklärung hierfür in der Temperaturabhängigkeit der Austrittsarbeit, bedingt durch die Abnahme der Anzahl an Elektronen pro Volumenelement des Metalls bei temperaturbedingter Expansion[3].

Becker und Brattain [BB34] legen überzeugend dar, dass eine Auftragung des $\lg j - 2T$ als Funktion von $1/T$ nur dann die Konstante A am Schnittpunkt mit der y-Achse ergibt, wenn die Austrittsarbeit von der Temperatur unabhängig ist. Genau in diesem Fall entspricht die Steigung, der so erhaltenen Geraden der Austrittsarbeit. Sie verweisen in ihrem Beitrag darauf, dass die Austrittsarbeit im allgemeinen von der Temperatur abhängig ist und leiten eine Beziehung zwischen der Temperaturabhängigkeit der Austrittsarbeit und der Abweichung des aus der Geraden ermittelten Wertes von A gegenüber dem theoretischen Wert her.

Dushman [Dus23] kam aufgrund theoretischer Überlegungen bereits früh zu der Erkenntnis, dass A eine aus universellen Konstanten abgeleitete Größe war, allerdings war die von ihm bestimmte Konstante um einen Faktor 2 kleiner als die in Gleichung 2.2. Die Erklärung hierfür sah Langmuir [Lan32] darin, dass Dushman bei seiner Herleitung noch nicht wußte, dass es den Elektronenspin gibt. Langmuir folgerte, dass sich der Wert bei Berücksichtigung des Elektronenspins verdoppeln sollte. Bridgman [Bri26] versuchte eine schlüssige Erklärung dafür zu finden, dass A für reine Metalle mit sauberer Oberfläche zumindest ungefähr mit dem theoretisch abgeleiteten Wert übereinstimmte, während

[2]Richardson [Ric24] zufolge ist A nur für Metalle, die auch bei $T = 0$ elektrisch leitend sind, eine universelle, nicht von der Temperatur abhängige, Konstante.

[3]vgl. hierzu Kapitel 2.1.3

im Falle von gecoateten Metallen aber um Größenordnungen unterschiedliche Werte gefunden werden. Letzten Endes konnte er die Frage nicht abschließend klären. Darüberhinaus erkannte Bridgman, dass der ursprünglichen Richardsongleichung die Annahme zugrunde lag, dass Elektronen, die aus dem Gas auf die Metalloberfläche auftreffen, nicht reflektiert werden.

r ist der **Reflexionskoeffizient** für Elektronen, welche die Potentialbarriere an der Metalloberfläche passieren, wenn das elektrische Feld gerade ausserhalb der Metalloberfläche = 0 ist. Die genauere Untersuchung zeigt aber, dass die Durchgangswahrscheinlichkeit $(1 - r)$ bei dem allmählichen Potentialübergang, wie er durch das Bildkraftpotential bewirkt wird, tatsächlich nahe bei 1 liegt [WH92]. Für reine Metalle ist r etwa 0,05 [She57][4], kann aber prinzipiell von der Temperatur abhängen, wobei die Auswirkung eher klein sein dürfte. Ausserdem hängt der Reflexionskoeffizient vom elektrischen Feld an der Oberfläche ab.[5]

Schlichter [Sch15] beschäftigte sich mit der spontanen Elektronenemission. Im Unterschied dazu untersuchten die meisten seiner Zeitgenossen den Sättigungsstrom der Elektronenemission, also den Strom, der aufgrund von thermionischer Elektronenemission bei einem gewissen elektrischen Feld herrschte und durch eine Steigerung der elektrischen Feldstärke unbeeinflusst blieb.[6] Schlichters Überlegungen nach sind der Sättigungsstrom und der Strom aufgrund spontaner Elektronenemission (also ohne das Anliegen eines elektrischen Feldes) für absolut reine Metalle gleich groß. Er konnte zeigen, dass es auch schon für „einigermaßen“ reines Platin eine Proportionalität in den Tempe-

[4]Herring und Nichols [HN49] zufolge resultiert r aus der thermodynamischen Ableitung der Formel für die Sättigungs-Emissionsstromdichte aus einer homogenen Oberfläche. r repräsentiert nun den Übergang vom Gleichgewichtsfall zum Sättigungsfall, das heißt den Anteil an Elektronen, die an der Oberfläche reflektiert werden und die daher nicht emittiert werden.

[5]Richardson [Ric21] weißt darauf hin, dass die Reflexion von Elektronen an der Metalloberfläche, nicht dazu führe, dass sich die Größenordung des Effektes änderte und läßt den Faktor (1-r) daher weg.

[6]Eine Ursache für die häufig beobachtete Differenz zwischen Sättigungsstrom und spontanem Kurzschlussstrom ist die direkte elektrische Beheizung des Emitters. Die meist in Form eines Drahtes oder eines schmalen dünnen Streifens vorliegende Glühelektrode wird dabei von einem starken, elektrischen Heizstrom durchflossen, der längs der Elektrode ein nicht unbeträchtliches Spannungsgefälle hervorruft. Das durch das Spannungsgefälle längs der Glühelektrode vorhandene Feld verursacht eine Ablenkung der verhältnismäßig langsamen Elektronen, also eine Krümmung der Flugbahnen, welche die emittierten Elektronen zum Teil wieder nach positiveren Teilen der Glühelektrode zurückführen kann.

raturcharakteristiken von Sättigungs- und spontanem Elektronenstrom gibt, dass beide nach der Richardsongleichung beschrieben werden können und sich nicht in ihrem Exponenten (also der Austrittsarbeit) sondern lediglich in der Konstanten A unterscheiden.

Die **Austrittsarbeit** Φ_A ist in einem gewissen Ausmaß von der Temperatur[7] (siehe hierzu 2.1.3) und der normalen Komponente des elektrischen Feldes an der Oberfläche abhängig. Da die Stromdichte an emittierten Elektronen exponentiell von Φ_A abhängt, bewirken bereits geringe Änderungen der Austrittsarbeit durch Änderungen in der Temperatur und/oder des elektrischen Feldes signifikante Unterschiede in der Stromdichte.

2.1.1. Die Auswirkung der Raumladung auf die thermionische Elektronenemission im Vakuum

Langmuir [Lan13] veröffentlichte bereits 1913 eine Studie, in der er zeigte, dass ein thermionischer Strom auch in einem perfekten Vakuum von reinen Metallen emittiert wird, und damit die Gültigkeit von Gleichung 2.1 bewies. Darüberhinaus fand er die Erklärung, warum eine Zunahme der Temperatur nicht immer mit einem Anstieg des thermionischen Stromes zusammenhängt (vgl. Abbildung 2.1). Dazu führte Langmuir Experimente durch, in denen er die thermionische Stromdichte im Vakuum zwischen einer geheizten Wolframdrahtschleife (Kathode) und einer gleichartigen Wolframschleife (Anode) für unterschiedliche Anodenspannungen bestimmte.

Abbildung 2.1 zeigt, dass der Strom für Temperaturen unterhalb 1900 K unabhängig von der anliegenden Potentialdifferenz zwischen geheizter Kathode und Anode ist, die Stromdichte jedoch bei höheren Temperaturen potenzialabhängige, konstante Werte erreicht .

Das in Abbildung 2.1 exemplarisch gezeigte Verhalten läßt sich für alle Kurven in drei Bereiche aufteilen:

1. einen Bereich, der von der Richardson-Laue-Dushman-Gleichung exakt wieder gegeben wird,
2. einen Bereich, der aus einer geraden horizontalen Linie gebildet wird. In diesem Teil ist der Strom unabhängig von der Temperatur des emittierenden Metalls,

[7] Richardson [Ric03] kommt bereits 1903 zu der Erkenntnis, dass die Austrittsarbeit mit steigender Temperatur abnimmt.

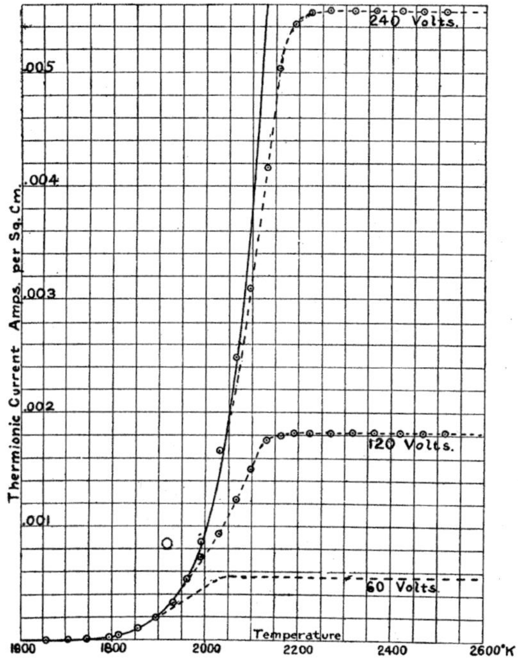

Abb. 2.1.: Von Langmuir ermittelte Abhängigkeit der thermionischen Stromdichte aus einem Wolframdraht von der Temperatur für unterschiedliche Potentialdifferenzen aus [Lan13].

3. einen Übergangsbereich zwischen beiden Bereichen.

Langmuirs[8] Interesse galt besonders dem Bereich, in welchem die Stromdichte von der Temperatur unabhängig ist. Er konnte zeigen, dass der Wert dieser Stromdichten im wesentlichen von vier Faktoren abhängt:

[8]Reprinted figure with permission from Irving Langmuir, Phys. Rev., volume 2, page 450, 1913. Copyright (1913) by the American Physical Society. URL: http://link.aps.org/doi/10.1103/PhysRev.2.450 Readers may view, browse, and/or download material for temporary copying purposes only, provided these uses are for noncommercial personal purposes. Except as provided by law, this material may not be further reproduced, distributed, transmitted, modified, adapted, performed, displayed, published, or sold in whole or part, without prior written permission from the American Physical Society.

1. von der an der Anode anliegenden Spannung,

2. von der Anwesenheit eines magnetischen Feldes,

3. von der Fläche der Anode,

4. vom Abstand zwischen Anode und Kathode.

Es sei noch einmal besonders darauf hingewiesen, dass keiner der vier Faktoren irgendeinen Einfluss auf den Teil der Kurve hatte, welcher der Richardson-Laue-Dushman-Gleichung gehorcht.

Die Erklärung für die Begrenzung der Stromdichte (und damit für die von der Temperatur unabhängigen Werte) liegt in der Raumladung, die von den Elektronen im Vakuum zwischen Kathode und Anode hervorgerufen wird. Wenn die Elektronendichte im Raum groß genug ist, wird die emittierte Stromdichte durch diese Raumladung und weniger durch die Austrittsarbeit oder die Temperatur des Emitters bestimmt. Die Raumladung führt zu einer Erhöung der Potenzialbarriere, welche die Elektronen überwinden müssen, um emittiert zu werden [Bec35].

Bei einer Langmuirschen Versuchsreihe zum Einfluss von geringen Drucken von Argon (hier nicht dargestellt) auf die thermionische Stromdichte zeigte sich, dass die thermionischen Stromdichten (gemäß der Richardson-Laue-Dushman-Gleichung) bis zum höchsten untersuchten Druck von 2,66 Pa in allen Fällen mit den thermionischen Stromdichten im Vakuum übereinstimmten. Die maximal erhaltenen Stromdichten (horizontaler Kurvenbereich) waren allerdings wesentlich größer als sie im Vakuum bei vergleichbaren Potenzialdifferenzen gewesen waren. Dieser Anstieg der Sättigungsstromdichten ist einzig und allein auf die Aufhebung bzw. Abschwächung der durch die Raumladung verursachte Begrenzung zurückzuführen. Für niedrigere Temperaturen waren die thermionischen Stromdichten nämlich identisch zu denen im Vakuum.

2.1.2. Der Effekt unterschiedlicher Gase auf die thermionische Elektronenemission

Langmuir [Lan13] untersuchte neben dem Einfluss von Argon auch den von Stickstoff (bei 0,28 Pa) auf die thermionische Elektronenemission. Er kam zu folgenden Ergebnissen: Einerseits wird die thermionische Stromdichte durch die Anwesenheit von Stickstoff vermindert, was gleichbedeutend mit einer Zunahme der beiden Konstanten A und

b in der Richardsongleichung 2.3 ist. Andererseits bewirkt Stickstoff (wie Argon auch) eine Aufhebung der Begrenzung der Stromdichte infolge von Raumladungseffekten.[9]

Richardson [Ric15] zufolge kann die Elektronensättigungsstromdichte j mit folgender Gleichung beschrieben werden.

$$j = A \cdot T^{0,5} \exp\left[-\frac{b}{T}\right] \qquad [2.3]$$

Richardson weist in seiner oben genannten Veröffentlichung darauf hin, dass es gewisse Zweifel am Faktor $T^{0,5}$ gibt, und dass die experimentellen Werte des Exponenten bei entsprechender Anpassung der Werte für A und b eigentlich überall zwischen 0 und +2 liegen können. Weiterhin betont er [Ric4b] in einem Beitrag, dass unabhängig davon, ob der Exponent der Temperatur nun 0,5 oder 2 sei, die Gleichung lediglich eine Annäherung an den wahren Sättigungsstrom darstellen könne, da eine exakte Gleichung die Elektronenreflexion an Metallen berücksichtigen müsse. Die Kenntnisse zur Elektronenreflexion waren seiner Meinung nach zum damaligen Zeitpunkt noch zu beschränkt. Da zur Zeit Richardsons der überwiegende Teil der experimentellen Daten entsprechend Gleichung 2.3 ausgewertet worden war, verwendet Richardson für seine Betrachtungen wie sich Gase auf die Elektronenemissionen auswirken auch diese Gleichung. Im Allgemeinen sind A und b sowohl von der Art sowie dem Druck des umgebenden Gases als auch vom Metall abhängig. Richardson zufolge zeigen die von Langmuir [Lan13] selbst durchgeführten Versuche, dass zu einem hohen Wert für A auch ein hoher Wert für b gehört, und umgekehrt. Wilson [Wil08] hatte gezeigt, dass A und b in seinen Versuchen Funktionen des Druckes von Wasserstoff sind, und dass sie über folgende Relation zusammenhängen

$$b = c \lg A + d, \qquad [2.4]$$

wobei c und d Konstanten sind. Tatsächlich ist $\lg A$ eine lineare Funktion von b. Die von Richardson betrachteten experimentellen Daten ergeben, dass im Falle von *Wolfram* die kleinsten Werte für A bzw. b im Vakuum gefunden werden, während die Konstanten bereits in Anwesenheit von Spuren der Gase H_2, O_2 und N_2 deutlich größere Werte annehmen.

Im Falle von *Platin* als emittierendem Metall zeigt sich der gleiche Zusammenhang zwischen A und b, allerdings gibt es einen entscheidenden Unterschied zwischen beiden

[9] 1923 veröffentlichte Langmuir detailliertere Betrachtungen zum Einfluss der Raumladung auf die thermionische Stromdichte und den Potentialverlauf zwischen parallelen Elektroden [Lan23].

Metallen. Die Konstanten sind im Falle von Platin im Vakuum am höchsten und werden durch die Anwesenheit von Gas erniedrigt, d.h. die Emission wird erhöht (im Gegensatz zum Verhalten von Wolfram).

Kingdon [Kin24] beobachtete den Einfluss von Stickstoff auf die Elektronenemission eines teilweise mit Thorium bedeckten Wolframdrahtes. Die Emission verfünffachte sich, wobei Kingdon auch zeigen konnte, dass diese Steigerung nicht in erster Linie auf eine Ionisierung des Stickstoffs zurückgeht.

Unlängst von Hirsch [Hir05] durchgeführte Untersuchungen zeigen, dass die thermionische Elektronenemission eines Wolframdrahtes durch Wasserstoff, Kohlenstoffdioxid, Neon, Argon, Helium und Sauerstoff bereits bei einem Druck von 10^{-4} mbar beeinflusst wird. Im Fall von Helium führt die Zugabe kurzzeitig zu einer Abnahme der thermionischen Elektronenemission, um sich dann auf einem etwas höheren Niveau als vor der Gaszugabe zu stabilisieren.

Schwebel et al. [SFF+00] untersuchten den Einfluss von CO, CH_4, H_2, Propan und Ethanol auf das thermionische Emissionsverhalten von Bariumnitrat und Scandiumoxid in einer Atmosphäre aus feuchter Luft. Dabei stellten sie fest, dass die emittierte Elektronenstromdichte aus Bariumnitrat infolge der Zugabe von CO, CH_4, H_2 zunahm, während im Falle von Scandiumoxid die Zugabe von CO und CH_4 eine Abnahme der Elektronenstromdichte bewirkte, wohingegen die Zugabe von H_2 auch im Falle von Scandiumoxid eine Abnahme der Elektronenstromdichte, also eine scheinbare Zunahme der Austrittsarbeit zur Folge hatte.

Richardson [Ric03] stellte in seinen Untersuchungen fest, dass der von einem Platindraht, der von Luft des Druckes von einer Atmosphäre umgeben war, ausgehende und an einer Anode ankommende Strom aufgrund von thermionischer Elektronenemission bei gleicher Potentialdifferenz in allen untersuchten Fällen deutlich niedriger war, als der Strom, der im Vakuum gemessen wurde.

Woratschek [WSK+87] untersuchte den Einfluss der O_2-Exposition auf die Austrittsarbeit eines Cäsiumfilms und stellte dabei fest, dass die Austrittsarbeit mit zunehmender O_2-Exposition erst von etwa 2,0 eV bis auf einen Wert von 1,0 eV abnimmt. Für weiter steigende O_2-Exposition erhöht sich die Austrittsarbeit bis auf 2,5 eV. Woratschek weist darauf hin, dass der Wert und die Lage des Austrittsarbeitsminimums von der Filmdicke des Cesiumfilms abhängen.

Zusammenfassend lässt sich also sagen, dass sich die thermoionische Elektronenemission bei Atmosphärendruck von der im Vakuum unterscheiden wird. Wie genau sich die Gasatmosphäre auswirken wird, kann nicht prognostiziert werden, da kein einheitlicher Trend, weder für ein Gas, noch für ein Emittermaterial ausgemacht werden kann. Daher werden für die Modellierung (vgl. Kapitel 6) in Ermangelung genauerer Angaben die tabellierten Werte, wie beispielsweise aus [vA56, FS66], für die Austrittsarbeiten im Vakuum benutzt.

2.1.3. Austrittsarbeit

Die Austritttsarbeit ist diejenige Energie, welche für die Emission von Elektronen aus einem Körper maßgebend ist. Sie spielt daher bei allen Prozessen, bei denen Elektronen die Oberfläche verlassen, insbesondere bei der thermionischen Elektronenemission (Kapitel 2.1), eine entscheidene Rolle. Daher folgt eine kurze Betrachtung der Einflussfaktoren auf die Elektronen-Austrittsarbeit.

Allgemeine Eigenschaften

Die zum Austritt aus einem Körper erforderliche Energie ist für die Elektronen je nach ihrem Energieniveau verschieden. Man definiert als Austrittsarbeit Φ_A die Energiedifferenz zwischen der potentiellen Energie E_{vac} des Außenraums und der Fermi-Energie E_F. Bei Metallen, bei denen $E_F \approx E_{F_0}$ ist, stimmt diese Energie praktisch mit der Mindestenergie überein, die ein Elektron zum Verlassen des Körpers benötigt. In Strenge gilt dies am absoluten Nullpunkt der Temperatur, da hier nur Niveaus bis zur Fermi-Kante E_{F_0} besetzt sind. Abgesehen von einigen wenigen Elektronen mit höherer Energie, die nicht ins Gewicht fallen, kann man jedoch auch sonst E_F als Besetzungsgrenze ansprechen. Bei Isolatoren ist die Interpretation als Mindestenergie nicht möglich, da hier das Fermi-Niveau in der Energielücke zwischen Valenz- und Leitungsband liegt und daher von keinem Elektron besetzt sein kann [Hau64]. Abbildung 2.2 zeigt schematisch die Zustandsdichten und Dichten der mit Elektronen besetzten Energieniveaus für ein Metall bzw. einen Halbleiter. $f(E)$ bezeichnet die Fermi-Dirac-Verteilung:

$$f(E) = \left[1 + \exp\left(\frac{E - E_F}{k_B T}\right)\right] \qquad [2.5]$$

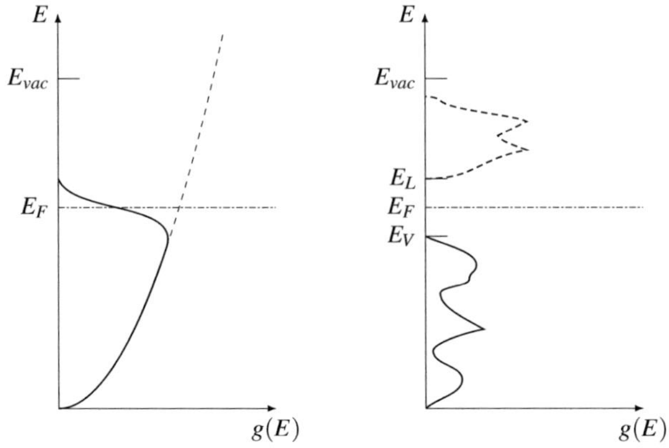

Abb. 2.2.: Schematische Darstellung der Zustandsdichte $g(E)$ (gestrichelt) und der Dichte der mit Elektronen besetzten Energieniveaus $g(E) \cdot f(E)$ (ausgezogen) als Funktion der Energie (a) für ein Metall und (b) für einen Halbleiter. E_F bezeichnet die Fermi-Energie, E_{vac} das Vakuum-Niveau eines Elektrons, E_L die Unterkante des Leitungsbandes und E_V die Oberkante des Valenzbandes nach [BS95] S.54

Sowohl aus der Lage der Fermi-Energie als auch aus der Lage des höchsten besetzten Niveaus sieht man sofort, dass Metalle für die Elektronenemission viel günstiger als sind Isolatoren/Halbleiter .

Temperatur

Bisher wurde die Austrittsarbeit als konstant betrachtet. Da man es aber bei der thermischen Elektronenemission mit sehr hohen Temperaturen zu tun hat, erhebt sich die Frage, ob und in welcher Weise die Austrittsarbeit von der Temperatur abhängt. Trotz zahlreicher theoretischer [KWZ79, Kie86] sowie experimenteller [AL98, WTK02, IK01, AKA93, BC64, RHKW09] Studien zur Temperaturabhängigkeit der Elektronenaustrittsarbeit kann von einem eindeutigen Ergebnis nicht gesprochen werden. Einer der Gründe hierfür ist sicherlich, dass die Messungen durch Änderungen der Oberflächenbedingungen bei sich ändernden Temperaturen erschwert werden. Bei niedrigen Temperaturen ist eine Kontamination praktisch nicht zu vermeiden [CL78]. Die Kontamination ihrerseits wird auch von der Temperatur abhängen und den Effekt, der gemessen werden soll, verdecken. So ist wohl zu erklären, dass Unstimmigkeiten nicht nur hinsichtlich der Größenordung der Temperaturabhängigkeit existieren. Es ist nicht einmal abschließend geklärt, ob die Elektronenaustrittsarbeit mit steigender Temperatur zu- oder abnimmt (Vorzeichen des Temperaturkoeffizienten $\gamma = d\Phi_A/dT$):

Die Mehrzahl der Studien zeigt eine Abnahme der Elektronenaustrittsarbeit mit steigender Temperatur ($\gamma < 0$). Nichtsdestoweniger wird auch das gegensätzliche Verhalten [Wil66, SMS84] beschrieben. Herring und Nichols [HN49] zufolge liegen die Hauptursachen für die Temperaturabhängigkeit der Elektronenaustrittsarbeit in einem thermischen Ausdehnungseffekt, einer Auswirkung der Atomschwingung auf den inneren elektrostatischen Effekt und das chemische Potential, einer Temperaturvariation des Doppelschichtmomentes (double layer moment) und einer Auswirkung auf die spezifische Wärme der Elektronen. Kiejna [Kie86] stimmt insofern mit Herring und Nichols überein, als auch er davon ausgeht, dass hauptsächlich die thermische Ausdehnung des Kristalles und die thermischen Schwingungen der Atome den Temperatureinfluss der Elektronenaustrittsarbeit bedingen.

Obwohl beide Studien den Temperaturkoeffizienten $\gamma = d\Phi/dT$ in der Größenordung einiger Boltzmannkonstanten sehen, herrscht Ungewissheit über das Vorzeichen des Beitrags der thermischen Ausdehnung. Darüberhinaus ist Durakiewicz et al. [DAJ$^+$01] zufolge γ nicht konstant, sondern kann sogar um eine Größenordnung für unterschiedliche Temperaturen variieren.

Elektrisches Feld

Unter der Wirkung eines hinreichend starken elektrischen Feldes ($|E| \gtrsim 10^5\,\mathrm{V\,m^{-1}}$) wird die effektive Austrittsarbeit verkleinert. Diese Erscheinung wird als *Schottky-Effekt*[10] bezeichnet; seine Behandlung setzt die genaue Kenntnis des Potentialverlaufes zwischen dem Metallinnern und dem Vakuumniveau voraus.

Ein Elektron, welches den Festkörper verlassen hat und sich im Abstand x von der Oberfläche befindet, bewirkt durch das von ihm ausgehende elektrische Feld eine Ab-

[10] Bereits 1914 konstatierte Schottky [Sch14] den „Einfluss, der den Raum durchfliegenden Ladungen, auf den Potentialverlauf zwischen den Elektroden ...es bewirken diese Ladungen unter Umständen das Auftreten eines Potentialminimums, das für einen Teil der emittierten Partikel als unüberschreitbare Schwelle wirkt".

stoßung der übrigen Metallelektronen. Die sich im Festkörper einstellende Ladungsverteilung kann ersetzt werden durch eine Ladung $+e$ bei $-x$. Die Verbindungslinie beider Ladungen steht senkrecht auf der Oberfläche. Dann wird die betrachtete Ladung von der Spiegelladung (also dem Metall) angezogen mit der Bildkraft

$$F_B = -\frac{e^2}{4\pi\varepsilon_0(2x)^2}. \qquad [2.6]$$

Man kann daher bei der Untersuchung des Elektronenaustrittsprozesses aus einem Metall den gesamten Weg des Elektrons in zwei Teile aufteilen. Im ersten Teil befindet sich das Elektron hauptsächlich unter der Einwirkung der ihm nächstgelegenen Ionen und Atome, im zweiten Teil kann man die Resultierende aller auf das Elektron einwirkenden Kräfte mit der Bildkraft (Gl. 2.6) gleichsetzen. Becker und Müller [BM28] zufolge beginnt der zweite Teil in einer geringen Entfernung zur Oberfläche, ab welcher ausschließlich die Bildkraft zum Tragen kommt.

Ohne ein äußeres Feld verlassen nur solche Elektronen das Metall, die bei ihrer Annäherung an die Metalloberfläche eine kinetische Energie besitzen, welche gleich oder größer als die Austrittsarbeit Φ_A ist. Wirkt außer dem Atomfeld im ersten Abschnitt sowie der Bildkraft im zweiten Abschnitt auf das Elektron noch ein äußeres elektrisches Feld, das seine Bewegung beschleunigt und den rücktreibenden Kräften entgegenwirkt, so ist der Vorrat an kinetischer Energie, den das Elektron zum Austritt aus dem Metall besitzen muss, kleiner als ohne ein äußeres Feld. Mit anderen Worten, die Austrittsarbeit des Elektrons ist bei Vorhandensein eines äußeren Feldes geringer.

Auf die genaue Herleitung, wie stark die Austrittsarbeit durch ein äußeres Feld erniedrigt wird, wird hier nicht eingegangen, dazu sei auf [Kap55, SR28, WH92] verwiesen.

Die genannten Autoren bestimmten die Erniedrigung der Austrittsarbeit zu

$$\Delta\Phi = \left(\frac{e^3|E|}{4\pi\varepsilon_0}\right)^{\frac{1}{2}} = 3{,}79\cdot 10^{-5}\mathrm{eV}\left(\frac{|E|}{\mathrm{V/m}}\right)^{\frac{1}{2}}. \qquad [2.7]$$

Experimentelle Untersuchungen zum Einfluss der Spannung auf den thermionischen Sättiungsstrom [Pfo28] haben die Erniedrigung der Austrittsarbeite gemäß (Gl. 2.7) bestätigt.

Patches

Die Austrittsarbeit unterschiedlicher kristallographischer Ebenen kann durchaus variieren, vgl. Tabelle 2.1.

Tab. 2.1.: Austrittsarbeiten unterschiedlicher kristallographischer Ebenen

Element	Kristallrichtung	Austrittsarbeit, eV
Cu	111	4,89
Cu	100	5,64
Ag	111	4,75
Ag	100	4,81
W	112	4,50
W	310	4,30

Die Oberfläche eines polykristallinen Metalls besteht im allgemeinen aus einer Reihe unterschiedlicher kristallographischer Ebenen, so dass die Oberfläche als Ganzes Gebiete unterschiedlicher Austrittsarbeiten, im folgenden als „Patches“ bezeichnet, aufweist. Daher setzt sich der thermionische Emissionsstrom von einer solchen Oberfläche aus den für die einzelnen „Patches“ charakteristischen Emissionsströmen zusammen. Die Situation wird noch dadurch verkompliziert, dass es in diesem Fall nie möglich ist, das elektrische Feld an der gesamten Oberfläche null werden zu lassen, da immer ein lokales elektrisches Feld zwischen benachbarten „Patches“ unterschiedlicher Austrittsarbeit besteht, vgl. Abb. 2.3.

Das elektrische Feld ist immer so gerichtet, dass es den Elektronen hilft, vom „Patch“ hoher Austrittsarbeit weg zu kommen, bzw. die Elektronen daran zu hindern den „Patch“ niedriger Austrittsarbeit zu verlassen. Das lokale Feld zwischen zwei angrenzenden „Patches“ mit den Austrittsarbeiten Φ_a und Φ_b ist das gleiche, welches sich einstellen würde, wenn man die „Patches“ durch Leiter mit einer Potentialdifferenz von $\Phi_a - \Phi_b$ ersetzen würde. Eine Oberfläche mit sich wiederholenden „Patches“ unterschiedlicher Austrittsarbeit bewirkt eine lokales „Patch“ -Feld, das exponentiell mit dem Abstand zur Oberfläche abnimmt, um in einem Abstand zur Oberfläche, der etwa so groß ist wie der mittlere Durchmesser $\overline{D}$ der „Patches “ ein $\frac{1}{e}$ seines Wertes an der Oberfläche zu erreichen. Für Abstände, die deutlich größer als $\overline{D}$ sind, wird für das Potential der Oberflächendurchschnitt über alle „Patches“ angenommen, d. h.

$$\overline{\Phi} = \sum_i f_i \Phi_i, \qquad [2.8]$$

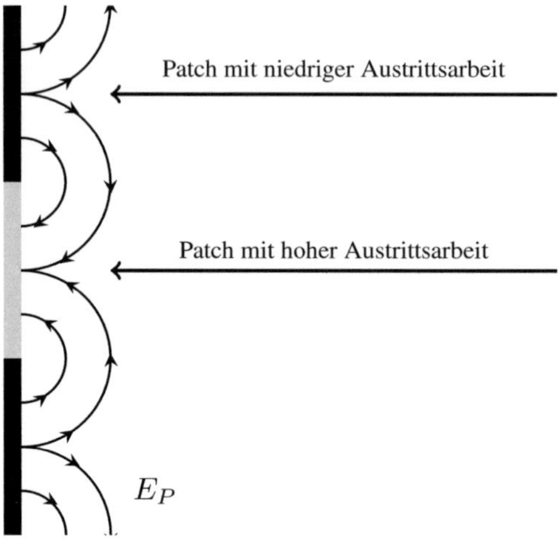

Abb. 2.3.: Elektrisches Feld in der Nähe einer Oberfläche mit „Patches“ unterschiedlicher Austrittsarbeiten, nach [CO58]

wobei f_i der Anteil der Fläche mit der Austrittsarbeit Φ_i ist. Wenn kein externes elektrisches Feld anliegt, Raumladungsfelder vernachlässigt werden können und die Oberfläche ungefähr zu gleichen Teilen zwischen „Patches“ hoher und niedriger Austrittsarbeit aufgeteilt ist, wird der Hauptanteil der Emission bei hohen Temperaturen von den „Patches“ mit der niedrigen Austrittsarbeit herrühren, da die zu überwindende Potentialbarriere für die „Patches“ mit der höheren Austrittsarbeit höher ist, wie in Abbildung 2.4 gezeigt ist. Dabei bezeichnet Φ_l die niedrigere der Austrittsarbeiten und Φ_h die höhere.

Metalle mit adsorbierten Monolagen

Die Experimente von Langmuir an Wolfram mit einer monoatomaren Oberflächenschicht Thorium [LK23, LK25] sowie [LV31] haben erstmals gezeigt, dass monoatomare Lagen adsorbierter Atome auf einer reinen Metalloberfläche einen großen Effekt auf den thermionischen Emissionsstrom bei einer bestimmten Temperatur haben. So gehorcht der Emissionsstrom ohne Einwirkung eines elektrischen Feldes bei einer kompletten monoatomaren Schicht zwar der Richardson-Laue-Dushmann Gleichung (2.1), aber die Werte

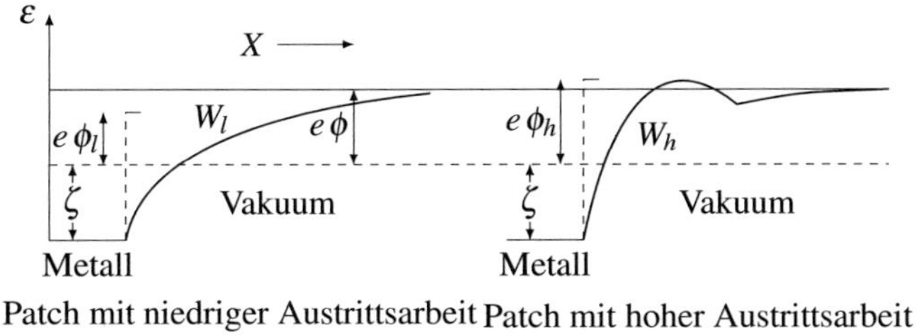

Abb. 2.4.: Potenzielle Energie eines Elektrons als Funktion des Abstandes von der Emitteroberfläche für Patches niedriger bzw. hoher Austrittsarbeit, nach [CO58]

für r und Φ unterscheiden sich deutlich von denen der reinen Metalle. Einige interessante Vergleiche dazu sind in Tabelle 2.2 (aus [CO58]) gezeigt.

Wenn das Ionisierungspotential V_i der adsorbierten Atome in etwa so groß, oder zumindest nicht viel größer als die Austrittsarbeit Φ_b des Basismetalls ist, bewirkt eine Monolayer der adsorbierten Atome eine Abnahme der Austrittsarbeit Φ_z der zusammengesetzten Oberfläche.

Demgegenüber kann sich die Austrittsarbeit drastisch erhöhen, wenn Atome die eine nennenswerte Elektronenaffinität besitzen, so dass sie als negative Ionen stabil sind, einen Monolayer auf der Metalloberfläche bilden. Beispielsweise erhöht ein Monolayer Sauerstoff oder Schwefel auf Wolfram die Austrittsarbeit des Wolframs ungefähr um einen Faktor 2.

Nordheim [Nor28] fasst die Wirkung von adsorbierten Schichten [11] sinngemäß wie folgt zusammen: Wird auf ein Metall, z. B. Wolfram, eine Schicht eines elektropositiveren Materials aufgebracht, d.h. einem Material, aus dem es leichter ist, Elektronen zu entfernen, d. h. positive Ionen zu bilden, so wird sowohl der Wert von Φ_A als auch der von A herabgesetzt. Ist umgekehrt das aufgebrachte Material elektronegativ, so wird sowohl A als auch Φ_A im allgemeinen vergrößert. Der Einfluß der Änderung von Φ_A überwiegt dabei für die tatsächliche Emission beträchtlich, so dass diese im ersten Falle steigt, und im zweiten fällt.[12]

[11] die von Dushman [DE27] untersucht wurden

[12] Ein entsprechender Zusammenhang zwischen steigenden bzw. fallenden Werten von A und Φ_A wurde auch schon in 2.1.2 beobachtet.

Tab. 2.2.

Basismaterial, bzw. Basismaterial + Auflage	A (1-r)	Austrittsarbeit, eV	Ionisierungsenergie, eV
Ba	-	2,49	5,19
Cs	-	1,81	3,87
Mg	-	3,60	7,61
Ni	30	4,60	7,61
Th	60,2	3,35	
W	60,2	4,52	8,1
Zr	$3 \cdot 10^3$	4,50	6,92
Th auf W	3,0	2,63	
Zr auf W	5,0	3,15	
O auf W	$5 \cdot 10^{11}$	9,1	

Partikelgröße

In den vorangegangen Abschnitten wurden Einflussfaktoren auf die thermionische Elektronenemission aus ausgedehnten Oberflächen bzw. die Austrittsarbeit von Elektronen diskutiert. In diesem Abschnitt kommt ein weiterer Einflussfaktor auf die Elektronenaustrittsarbeit hinzu, nämlich die Partikelgröße. Da dieser Einfluss im Unterschied zu den vorher beschriebenen eindeutig quantifizierbar ist, wird er bei der Modellierung (vgl.Kapitel 6) berücksichtigt.

So muss ein Elektron, dass eine (submikrone) Partikel verläßt, nicht nur die materialspezifische Austrittsarbeit überwinden, sondern auch die elektrostatische Anziehung, die von der auf der Partikel verbleibenden positiven Ladung herrührt. Dieses Coulomb-Potenzial berechnet sich zu:

$$\Phi_{Coul} = \frac{e^2 \cdot (p+1)}{4\pi\varepsilon_0 R} \qquad [2.9]$$

Weiterhin muss das Bildpotenzial an die sphärische Oberfläche der Partikel angepaßt werden [Woo81, MJF03]. Wenige Angström von der Oberfläche entfernt ist das anziehend wirkende Bildpotenzial die Hauptwechselwirkung zwischen Elektron und Partikel. Für eine ausgedehnte Oberfläche errechnet sich das Bildpotenzial wie folgt:

$$\frac{-(p \cdot e)^2}{4\pi\varepsilon_0}. \qquad [2.10]$$

Die Differenz der Bildpotenziale zwischen planaren und sphärischen Oberflächen bestimmt Wood mit Hilfe der klassischen Elektrostatik zu:

$$\Phi_{Bild} = \frac{5}{8} \cdot \frac{e^2}{4\pi\varepsilon_0 R}. \qquad [2.11]$$

Folglich wird sich die Austrittsarbeit einer neutralen sphärischen Metallpartikel im Vergleich zu der Austrittsarbeit einer ebenen Oberfläche um diesen Betrag verringern.

Für eine sphärische Partikel, die bereits p Ladungen trägt, setzt sich die Austrittsarbeit also folgendermaßen zusammen:

$$\Phi_A(p,R) = \Phi_A + \frac{e^2 \cdot (p+1)}{4\pi\varepsilon_0 R} - \frac{5}{8} \cdot \frac{e^2}{4\pi\varepsilon_0 R}. \qquad [2.12]$$

2.2. Emission positiver Ionen

Bei Temperaturen zwischen 1700 K und 2000 K werden im Metall enthaltene Verunreinigungen (hauptsächlich Natrium und Kalium, daneben auch Aluminium) als positive Ionen emittiert. Bei genügend hoher Temperatur werden schließlich neben den neutralen Atomen auch Ionen des eigentlichen Metalls emittiert. Die Stromdichte an emittierten Ionen in Abhängigkeit von der Temperatur (2300 K – 2800 K) kann wie folgt beschrieben werden:

$$J_+ = \frac{2\pi keM}{h^3}(1-r)T^2 \exp\left(-\frac{e\Phi_+}{kT} - \frac{1}{k}\int_0^T \frac{dT}{T^2}\int_0^T C_{pm} dT\right), \qquad [2.13]$$

darin ist C_{pm} die Wärmekapazität eines Ions, Φ_+ die positive Ionen-Austrittsarbeit und r ein Reflexionskoeffizient. Abgesehen von einem Faktor 2 und dem zusätzlichen Term, der die spezifische Wärme des Ions im Festkörper beinhaltet, hat Gleichung 2.13 die gleiche Form wie Gleichung 2.1. Der Term, welcher die spezifische Wärme enthält, fehlt im Fall der Elektronenemission, weil Elektronen, die entsprechend des Fermi-Gesetzes auf die Energiezustände verteilt sind, nur einen vernachlässigbar kleinen Teil zur spezifischen Wärme des Feststoffs beitragen. Der Faktor 2 resultiert aus einem Unterschied in den statistischen Gewichten.

Smith [Smi30] leitete Gleichung 2.14 aus einer Energiebilanz ab. Dazu betrachtete er einen Kreislauf, in dem sich ein Atom von der Feststoffoberfläche entfernt, in einiger Entfernung ionisiert und anschließend das Elektron und das positive Ion sich einzeln zurück an die Oberfläche anlagern:

$$\Phi_{+} + \Phi_{A} = U + \Phi_{Ioni}, \qquad [2.14]$$

wobei U die Verdampfungswärme und V das Ionisierungspotenzial eines Metallatoms sind, wobei alle Größen zu der gleichen Temperatur gehören.

Wright [Wri41] fand in seinen Untersuchungen zur positiven und negativen thermischen Emission aus Molybdän eine Elektronenaustrittsarbeit Φ_A von 4,2 eV und eine Ionenaustrittsarbeit Φ_+ von 8,6 eV. Diese Werte erfüllen Gleichung 2.14 im Rahmen der Messgenauigkeit ($U + \Phi_{Ioni} = 5,75\text{eV} + 7,1\text{eV} = 12,9\text{eV}$).

Andere Metalle von denen bekannt ist, dass sie bei Temperaturen unterhalb ihres Schmelzpunktes Ionen emittieren sind Chrom, Eisen, Nickel, Kupfer, Ruthenium, Rhodium und Tantal.

2.3. Theorie zur Partikelaufladung durch Ladungsanlagerung

Bei der Betrachtung der Aufladung von Partikeln durch die Anlagerung von Ladungsträgern aus dem umgebenden Gas wird einerseits bezüglich des Auflademechanismus, also zwischen Diffusionsaufladung und Feldaufladung, sowie andererseits bezüglich des partikelgrößenabhängigen Transportregimes unterschieden.

2.3.1. Mechanismen der Anlagerung von Ladungsträgern an Partikeln

Wenn kein externes elektrischen Feld anliegt, ist der herrschende Aufladungsmechanismus die *Diffusionsaufladung*. Sie resuliert aus der thermischen Bewegung der Ionen, Elektronen und Partikeln, wobei die Partikelbewegung vernachlässigt wird, da sie gegenüber der Ionenbewegung und Elektronenbewegung vergleichsweise klein ist. (Die Diffusionsaufladung ist in erster Näherung unabhängig vom Partikelmaterial.) Bei einer Kollision zwischen Ion und Partikel bleibt das Ion haften und die Partikel "erwirbt“ die

Ladung. Die Nettodiffusion zur Partikeloberfläche entsteht durch eine Konzentrationsabnahme der Ionen zur Partikel hin. Dies rührt daher, dass die Partikel als Ladungsträgersenke wirkt, ihre Umgebung also an Ladungsträgern verarmt. Mit zunehmender Partikelladung baut sich ein immer stärkeres abstoßendes Potential auf, so dass die Rate, mit der weitere Ionen gleicher Polarität angelagert werden, kleiner wird. Aufgrund der Boltzmannverteilung der Ionengeschwindigkeiten reicht die thermische Energie einzelner Ionen dennoch aus, um das abstoßende Feld zu überwinden und sich an die Partikel anzulagern [Hin99]. Daher kommt die Diffusionsaufladung theoretisch nie zum Erliegen und es existiert keine wirkliche Sättigungsladung. Allerdings geht die Ladungsakkumulation mit zunehmender Ladung immer langsamer vonstatten, so dass innerhalb technisch relevanter Zeiträume eine Quasi-Sättigung eintritt [Mar06]. (Ausdrücke für die durch Diffusionsaufladung erreichten Ladungszustände wurden für die Grenzfälle, dass die Partikeln sehr viel kleiner oder sehr viel größer als die mittlere freie Weglänge der Ionen ist, hergeleitet. Mittlere freie Weglängen unter Normaldruck liegen je nach Gas bei 10 bis 60 nm [Fri99].)

Liegt ein äußeres elektrisches Feld vor, kommt zur Diffusionsaufladung die *Feldaufladung* hinzu. Abhängig von der Stärke des elektrischen Feldes und der Partikelgröße kann einer der beiden Mechanismen vorherrschen. Feldaufladung liegt vor, wenn der durch das E-Feld bedingte schnelle Transport der Ionen[13] zu häufigen Zusammenstößen zwischen Ionen und Partikeln führt. Wenn eine Partikel in ein homogenes elektrisches Feld plaziert wird, stört sie das Feld derart, dass sich die Feldlinien in der Umgebung der Partikel konzentrieren. Die Ionen im elektrischen Feld bewegen sich entlang dieser Feldlinien und stoßen dort, wo die Partikel die Feldlinien (Ionentrajektorien) schneidet mit der Partikel zusammen. Mit zunehmender Partikelladung kommt es zu einer Umverteilung der Feldlinien. Die Abstoßung zwischen der Partikel und zusätzlichen Ionen gleicher Polarität wird größer. Schließlich enden keine Feldlinien mehr auf der Partikeloberfläche und es findet keine Aufladung mehr statt: die Sättigungsladung ist erreicht. Die Ladung zeigt im Falle der Feldaufladung eine quadratische Abhängigkeit vom Partikeldurchmesser.

Während die Diffusionsaufladung als vorherrschender Mechanismus bei kleinen Partikeln und niedrigen Feldstärken betrachtet wird, scheint der Feldaufladungsansatz ge-

[13] oder Elektronen

eigneter zur Beschreibung der Aufladung größerer Partikeln bei höheren Feldstärken [Law96, KZ80].

2.3.2. Diffusionsaufladung im Kontinuumsbereich (Kn $\ll$ 1)

Die erste maßgebliche Studie zur Diffusionsaufladung im Kontinuumsbereich wurde von Arendt und Kallmann [AK26] durchgeführt. Ebenso wie Fuchs, Pluvinage [Plu46b] und Bricard [Bri49] betrachten sie den Aufladevorgang als quasistationär und vernachlässigen den Bildladungseinfluss, da bei Berücksichtigung der Bildladung keine analytische Lösung existiert.

Generell kann der Ionenstrom I auf (sphärische) Partikeln (und damit auch die Aufladung) im Kontinuumsbereich durch die stationäre Diffusions-Mobilitäts-Gleichung beschrieben werden.

$$I(r) = -4\pi r^2 \left(D_i \frac{dn_i}{dr} - Z_i n_i E(r) \right), \tag{2.15}$$

worin D_i und Z_i der Diffusionskoeffizient beziehungsweise die elektrische Mobilität der Ionen sind, n_i für die Ionenkonzentration und E für die elektrische Feldstärke in einer Entfernung r vom Zentrum der Partikel stehen. E ist der negative Gradient der Potentialverteilung $\varphi(r)$:

$$\varphi(r) = K_E \cdot \left(\frac{q}{r} - \kappa \cdot \frac{r_p^3 e}{2r^2(r^2 - r_p^2)} \right), \tag{2.16}$$

wobei p die Anzahl der Ladungen auf der Partikel, $\kappa = \frac{\varepsilon_P - 1}{\varepsilon_P + 1}$ der Bildpotentialparameter für Partikeln mit der Dielektrizitätskonstante ε_P und $K_E = \frac{1}{4\pi\varepsilon_0}$ ist. Der erste Term auf der rechten Seite der Gleichung beschreibt dabei die Coulombschen Wechselwirkungen, der zweite den Bildladungseinfluss zwischen Partikel und Ionen/Elektronen. Als Lösung von Gleichung 2.15 ergibt sich, unter Berücksichtigung der Bedingung, dass die Ionendichte in großer Entfernung von der Partikel gleich der makroskopischen Ionendichte (n_∞) ist:

$$I = \frac{4\pi D_i n_i}{\int_{r_p}^{\infty} \frac{1}{r^2} \cdot \exp\left(\frac{\Phi(r)}{kT}\right) dr} \tag{2.17}$$

Darin ist $\Phi(r)$ die potentielle elektrostatische Energie, die ein Ion im Anflug auf eine Partikel hat. Diese hängt mit dem elektrostatischen Potential φ folgendermaßen zusammen: $\Phi = \varphi \cdot e$. Voneinander unabhängig kamen Fuchs und Pluviange (unter Vernachlässigung des Bildpotentials) zu folgendem geschlossenen Ausdruck für die Aufladerate durch Diffusionsaufladung im Kontinuumsbereich [Fuc47, Plu46a]):

$$\frac{I}{e}=\frac{1}{e}\cdot\frac{dq}{dt}=\frac{1}{4\pi\varepsilon_P\varepsilon_0}\cdot\frac{4\cdot\pi\cdot D_i\cdot n_{i,\infty}\cdot q\cdot e}{kT\cdot\left[\exp\left(\frac{1}{4\pi\varepsilon_P\varepsilon_0}\frac{q\cdot e}{r\cdot kT}\right)-1\right]}. \qquad [2.18]$$

Pluvinage hat den Einfluss der Bildladung abgeschätzt und bewertet die Vernachlässigung als vertretbar. Auch Arendt und Kallmann halten eine Berücksichtigung der Bildkraft nur dann für notwendig, wenn die Bildkraft im Abstand einer freien Weglänge von der Partikeloberfläche noch merklich ist.

Die Aufladung von submikronen Partikeln in Anwesenheit elektrischer Felder erfordert ein Modell, welches Feld- und Diffusionsaufladung kombiniert. Hierzu gibt es eine Reihe von Ansätzen [Law96, Mar07]

2.3.3. Aufladung im Übergangsbereich (Kn $\approx$ 1)

Die theoretischen Modelle zur Aufladung im Übergangsbereich lassen sich in zwei große Gruppen unterteilen: (a) direkte Approximationslösungen der Boltzmanngleichungen und (b) semi-empirische Grenzkugelmodelle, in welchen die Gesetzmäßigkeiten der Grenzbereiche freier molekularer Bereich und Kontinuumsbereich in durch eine Grenzkugel getrennten Bereichen betrachtet werden. Daneben existieren Modelle, die die Aufladung von Partikeln im Übergangsbereich mittels Monte-Carlo-Simulation beschreiben [Fil93, BMC04] .

Die Grenzkugelmodelle zur Beschreibung der Aufladung im Übergangsbereich gehen auf Fuchs [Fuc63] zurück. Fuchs geht dabei von einer konzentrischen Grenzkugel um die Partikel herum aus. Ausserhalb dieser Grenzkugel geht die Diffusion der Ionen wie im Kontinuumsbereich von statten. Innerhalb der Grenzkugel bewegen sich die Ionen, ohne dass es zu Zusammenstößen mit Gas Molekülen kommt, also wie im Vakuum. Aus geometrischen Betrachtungen folgt für den Radius der Grenzkugel r_G:

$$\frac{r_G}{r_P}=\frac{r_P^2}{\lambda_i^2}\cdot\left[\frac{\left(1+\frac{\lambda_i}{r_P}\right)^5}{5}-\frac{\left(1+\frac{\lambda_i^2}{r_P^2}\right)\cdot\left(1+\frac{\lambda_i}{r_P}\right)^3}{3}+\frac{2}{15}\cdot\left(1+\frac{\lambda_i^2}{r_P^2}\right)^{\frac{5}{2}}\right], \qquad [2.19]$$

wobei λ_i die mittlere freie Weglänge der Gasionen und r_p der Partikelradius ist.

Fuchs geht weiterhin davon aus, dass Gasionen, die in die Grenzkugel eingedrungen sind, diese mit einer endlichen Wahrscheinlichkeit auch wieder verlassen. Er definiert eine Kollisionswahrscheinlichkeit $\alpha \leq 1$. Falls keinerlei elektrische Kräfte wirksam sind, folgt für die Kollisionswahrscheinlichkeit $\alpha = r_P^2/r_G^2$ (aus einer Ionenflugbahn-Betrachtung von Natanson [Nat60]). Wenn abstoßende Kräfte vorliegen, wird die Kollisionswahrscheinlich verringert

$$\alpha = \frac{b_m^2}{r_G^2}, \tag{2.20}$$

wobei b_m als Minimum der Funktion b (Gleichung 2.21)

$$b^2 = r_P^2 \left\{ 1 + \frac{2}{3kT} [\Phi(r_G) - \Phi(r_P)] \right\} \tag{2.21}$$

bestimmt werden muss. Liegen dagegen anziehende Kräfte vor, so gilt nach Fuchs´ Meinung, dass $\alpha = 1$. Hoppel und Frick [HF86] korrigieren die von Fuchs erhaltenen α-Werte, indem sie einerseits andere Werte für die Masse und die Mobilität der Ionen zugrunde legen (150 AMU bzw. 1,2 $\mathrm{cm^2V^{-1}s^{-1}}$), und andererseits die Bildladung berücksichtigen.

Für die Aufladerate im Übergangsbereich ergibt sich

$$\frac{I}{e} = \frac{1}{e} \cdot \frac{dq}{dt} = \pi \cdot r_G^2 \cdot n_i(r_G) \cdot \bar{c}_i \cdot \alpha \tag{2.22}$$

oder anders formuliert

$$\frac{I}{e} = \frac{1}{e} \cdot \frac{dq}{dt} = \pi \cdot r_p^2 \cdot n_{i,\infty} \cdot \bar{c}_i \cdot \beta(q, r_P, \alpha, \varepsilon_P, T) \tag{2.23}$$

mit dem Effizienzfaktor $\beta(q, r_P, \alpha, \varepsilon_P, T)$:

$$\beta(q, r_P, \alpha, \varepsilon_P, T) = \frac{\alpha \frac{r_G^2}{r_P^2} \exp\left\{-\frac{\Phi(r_G)}{kT}\right\}}{1 + \exp\left\{-\frac{\Phi(r_G)}{kT}\right\} \frac{r_G^2 \alpha \bar{c}_i}{4D_i} \int_{r_G}^{\infty} \frac{1}{x^2} \exp\left\{\frac{\Phi(x)}{kT}\right\} dx}, \tag{2.24}$$

wobei neben den mehr oder weniger bekannten Ionenparametern hier vorallem die Kollisionswahrscheinlichkeit α[14] von Bedeutung ist. In der jüngsten Arbeit, die auf den Fuchs'chen Ansatz zurückgeht von Lushnikov und Kulmala [LK04b], wird der Grenzkugelradius r_L mittels einer zusätzlichen Kontinuitätsbedingung bestimmt. Hierzu verschmelzen sie eine freimolekulare Boltzmannlösung mit dem Grenzkugelmodell

[14] α-Werte sind in [HF86] tabelliert

und erhalten einen kontinuierlichen Ionenkonzentrationsgradienten zu beiden Seiten der Grenzkugel. Der resultierende Grenzkugelradius (*matching distance*) nimmt im Falle eines abstoßenden Potentials mit steigender Partikelgröße zu. Dennoch liegt der Grenzkugelradius immer in der Größenordnung der freien Weglänge der Ionen.

Während Fuchs für sein Modell zur Beschreibung der Diffusionsaufladung im Übergangsbereich an den Kontinuumsbereich anknüpft, nähern sich Gentry und Brock [GB67] dem Problem aus dem freimolekularen Bereich an. Aus einer quasi-stationären Betrachtung der Boltzmann-Gleichungen für den freien molekularen Bereich, die zunächst für große Knudsen-Zahlen mithilfe der Knudsen-Iterationsmethode gelöst werden, leiten sie eine Gleichung für den radialen Nettofluss von Ionen auf eine Partikel ab, die eine bestimmte Anzahl an Elementarladungen trägt. Aus dieser Gleichung entwickeln sie eine weitere, die im gesamten Übergangsbereich ($0,2 < \lambda/r_P < \infty$) näherungsweise gültig ist. Dazu nutzen sie eine Analogie zum Verdampfungs- bzw. Kondensationsverhalten von neutralen Molekülen zu Partikeln:

$$\frac{N_i}{N_{i,fm}} = \frac{1}{1+(\eta \cdot r_P/\lambda)}. \qquad [2.25]$$

Darin entspricht $N_{i,fm}$ dem Fluss im freimolekularen Bereich, während η ein Parameter ist, welcher ein spezifisches Gas-Partikel-System charakterisiert. Mit der Annahme, dass diese Analogie zumindest für ungeladene Partikeln gelten müsse, gelangen Gentry und Brock zu folgender Näherungslösung für die Aufladerate:

$$\frac{I}{e} = \pi \cdot r_p^2 \cdot (n_{i,\infty} \cdot \bar{c}_i) \cdot \exp(-\frac{1}{4\pi\varepsilon_P\varepsilon_0} \cdot \frac{p \cdot e^2}{r_P \cdot kT}) \cdot \frac{1}{1+\frac{1}{6} \cdot (\pi^{1/2} \cdot \lambda_i \cdot X)}, \qquad [2.26]$$

wobei

$$X = \frac{3}{(\pi \cdot p \cdot \frac{1}{4\pi\varepsilon_P\varepsilon_0} \cdot \frac{e^2}{r_P \cdot kT})^{1/2}} \qquad [2.27]$$

ist. Eine entscheidende Schwäche des Ansatzes ist, dass das Bildpotential vernachlässigt wird. Sowohl Gentry [Gen72] als auch Marlow und Brock [MB75] verbessern das ursprüngliche Modell durch Einbeziehung des Bildpotentials. Um das Bildpotential einbeziehen zu können, welches an der Partikeloberfläche unendlich wird, benutzt Gentry das „minimum flux“-Kriterium. Ähnlich wie Fuchs geht er dabei von einer Art Grenzkugel um die Partikel herum aus. Den Radius der Grenzkugel bestimmt er aus den mathematischen Bedingungen für ein Minimum des Ionenflusses. Er unterscheidet mithilfe des Grenzkugelradiuses zwischen Potentialbereichen in denen eher Bild- (im Partikelnahbereich) oder Coulombkräfte vorherrschen. Gentry postuliert, dass alle Ionen, die das Innere der Grenzkugel erreichen auch von der Partikel absorbiert werden. Marlow und Brock kommen zu dem Schluss, dass eine Vernachlässigung des Bildpotentials mit steigender Knudsenzahl zu einer immer stärkeren Unterschätzung des Ionenflusses auf die Partikel führt.

Huang et al. [HSM90] meinen, dass Marlow und Brock den Einfluss der Bildladung nicht korrekt berücksichtigt und daher noch unterschätzt haben. Sie beschreiben ihr Modell als Kombination eines Ansatzes von Marlow mit dem von Marlow und Brock vorgestellten Modell. Der Ansatz von Marlow basiert auf dem Grenzkugel-Modell von Fuchs [Fuc63] während Marlow und Brock den Ansatz von Gentry und Brock um das Bildpotential erweitert haben. Huang et al. zufolge ergibt sich für die Aufladerate im Übergangsbereich folgender Ausdruck:

$$\frac{I}{e} = \frac{1}{e} \cdot \frac{dq}{dt} = \pi \cdot r_p^2 \cdot \bar{c}_i \cdot n_{i,\infty} \cdot E_0 - \frac{1}{Kn_{eff}} \cdot E_1 \qquad [2.28]$$

mit der effektiven Knudsenzahl Kn_{eff}

$$Kn_{eff} = \frac{D_i - D_p}{r_p} \cdot \sqrt{\frac{m_i}{kT}} \qquad [2.29]$$

E_0 ist die Approximationslösung nullter Ordnung für unendlich große Knudsenzahlen. Sie entspricht daher der Lösung im freien molekularen Bereich. E_1 ist die Korrektur erster Ordnung für endlich große Knudsenzahlen. Huang et al. weisen selber darauf hin, dass ihre Theorie nur für Partikelgrößen zwischen 10 nm und 40 nm angewendet werden sollte, da für größere Partikeln die Annahme einer großen Knudsenzahl nicht mehr berechtigt ist. Die untere Beschränkung des Anwendungsbereiches kommt nach Meinung der Autoren durch eine Änderung der Materialeigenschaften (z.B. der Dielektrizitätskonstante) zustande. Marquard [Mar06] hingegen weißt darauf hin, dass Huang et al. die im Größenbereich unter 10 nm zu betrachtenden 3-Körperkollisionen nicht berücksichtigt haben.

Die neuste Arbeit zur Diffusionsaufladung metallischer Partikeln im Bereich großer Knudsenzahlen stammt von Lushnikov und Kulmala [LK04a]. Sie weist große Ähnlichkeit zum Ansatz von Huang et al. auf. Auch die von Lushnikov angeführten Lösungen sind lediglich Lösungen erster Ordnung, und zeigen keine zufriedenstellende Übereinstimmung mit den experimentellen Ergebnissen.

Filippov [Fil93] modellierte die Diffusionsaufladung im Übergangsbereich mithilfe einer Monte-Carlo-Simulation. Sein Ansatz zur Beschreibung der Ionenkonzentrationsverteilung weit von der Partikel entfernt entspricht den (auch von Fuchs in seinem Modell verwendeten) makroskopischen Transportgleichungen. Innerhalb einer Grenzkugel um die Partikel herum, deren Durchmesser anders als bei Fuchs definiert ist, wird die stochastische Ionenbewegung unter Berücksichtigung von Zusammenstößen mit neutralen Gasmolekülen und elektrostatischen Kräften zwischen Ionen und Partikeln modelliert. Biskos [BMC04] baut sein bereits erwähntes Modell auf einer zufälligen Bewegung der Ionen mit ihrer thermischen Geschwindigkeit sowie ortsfest gehaltenen Partikeln auf. In der Nachbarschaft einer Partikel ändert sich die Bewegung der Ionen aufgrund der Wechselwirkungen zwischen beiden. Die Geschwindigkeitsverteilung der Ionen ändert sich (sie kann nun nicht mehr durch die Maxwellschen Gleichungen beschrieben werden). Der Weg der Ionen wird nun aus der Bewegungsgleichung

$$m_i \cdot \frac{dv_i}{dt} = q \cdot E \quad \text{mit } (E = -\nabla\varphi(r)) \qquad [2.30]$$

bestimmt. E ist das elektrische Feld, das von der Partikel hervorgerufen wird. Biskos' Modell ist prinzipiell in allen Transportregimen einsetzbar und erlaubt auch die Vorhersage der unipolaren Diffusionsaufladung von nicht sphärischen Partikeln. Agglomerate werden darin prinzipiell aus Primärpartikeln aufgebaut, die als untereinander elektrisch isoliert betrachtet werden. Da die Berücksichtigung der Wechselwirkungen aller Primärpartikeln mit den Ionen einen hohen Rechenaufwand erfordert, nimmt Biskos eine umhüllende Kugel von einigen Agglomeratdurchmessern um das Agglomerat herum an. Ausserhalb dieser gedachten Kugel wird die Bewegung der Ionen als zufällig mit thermischer Geschwindigkeit angenommen, während innerhalb der Kugel die Wechselwirkungen berücksichtigt werden.

Die Ergebnisse beider Monte-Carlo-Simulations-Modelle zeigen eine gute Übereinstimmung mit den Ergebnissen nach dem Fuchsmodell. Dieses repräsentiert somit immer noch den Stand der Technik.

2.4. Einfluss des angelegten elektrischen Feldes auf die Aufladung der Partikeln

Da im experimentellen Teil dieser Arbeit mit elektrischen Feldern gearbeitet wird, ist zur vollständigen Beschreibung der Aufladung die Betrachtung von kombinierten Feld- und Diffusionsaufladungsvorgängen prinzipiell von nöten. Theoretische Arbeiten zur kombinierten Feld-und Diffusionsaufladung liegen von Lawless [Law96] und Marquard [Mar06, Mar07] vor. Lawless beschreibt dabei den Kontinuumsbereich, während Marquard den Übergangsbereich untersucht. Marquard's Modell beschreibt die Diffusionsaufladung mit überlagerter Feldaufladung im Übergangsbereich. Dazu überträgt er das klassische Fuchsmodell ins zweidimensionale. Dadurch kann er den kompletten Ausdruck für das elektrostatische Potenzial φ zwischen einer Partikel und einem Ion einbeziehen:

$$\begin{aligned}\varphi(r,\theta) = {} & \frac{1}{4\pi\varepsilon_0\varepsilon_r}\cdot\frac{q_P}{r} + E_0\cdot r\cdot\cos(\theta) \\ & - E_0\cdot\cos(\theta)\frac{r_P^3}{r^2}\cdot\frac{\varepsilon_P-1}{\varepsilon_P+1} - \frac{1}{4\pi\varepsilon_0\varepsilon_r}\cdot\frac{\varepsilon_P-1}{\varepsilon_P+1}\cdot\frac{e\,r_P^3}{2r^2(r^2-r_P^2)}\end{aligned} \qquad [2.31]$$

welches sich aus den Anteilen für Coulombpotential, linearem Feld, Polarisation infolge des externen Feldes und der Polarisation durch das Ion (also das Bildpotential) zusammensetzt.

Marquard berechnet mit seinem Modell den Einfluss des elektrischen Feldes auf den Ladungszustand metallischer und dielektrischer Partikeln verschiedener Größen. Er zeigt eine linear mit der Feldstärke zunehmende mittlere Ladung. Der Effekt ist, wie zu erwarten war, bei größeren Partikeln stärker ausgeprägt, vgl. Abbildung 2.5.

Für die größte von Marquard betrachtete Partikelgröße von 100 nm erhöht sich die mittlere Partikelladung metallischer Partikeln bei einem n·t Produkt von $10^{14}\,s/m^3$ von 7 Elementarladungen (ohne dass ein externes E-Feld beteiligt wäre) auf 8 Elemtarladungen bei einer externen Feldstärke von 2 kV/cm. Im Rahmen der vorliegenden Arbeit werden Partikeln bis zu einem mobilitätsaquivalenten Durchmesser von 150 nm verwendet, was eine stärkere Wirkung des externen Feldes zur Folge hat. Die Feldstärke von 2 kV/cm stellt hingegen eine konservative Abschätzung der in den Experimenten angelegten Feldstärken dar.

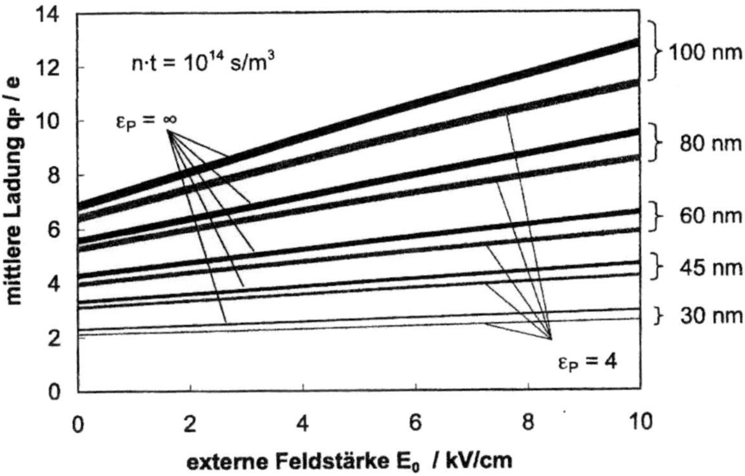

Abb. 2.5.: Lineare Feldabhängigkeit der mittleren Ladung; Metallische und dielektrische Partikeln verschiedener Größe; entnommen aus [Mar06] S.259

Aus den Simulationsergebnissen von Marquard läßt sich daher schließen, dass der Einfluss des externen Feldes unter den im Rahmen dieser Arbeit vorliegenden Bedingungen (Partikelgröße < 200 nm, geringe Feldstärken) auf die Aufladung der Partikeln durch die Anlagerung von Ionen vernachlässigt werden kann. Voraussetzung hierfür ist, dass Marquards Simulationsergebnisse korrekt sind. Die in der Abbildung 2.6 gezeigte sehr gute Übereinstimmung von Marquards Simulationsdaten mit seinen experimentell ermittelten mittleren Ladungswerten validiert das Marquard'sche Modell.

Daraus folgt, dass die Feldaufladung, für die im Rahmen dieser Arbeit durchgeführten Messungen von untergeordneter Bedeutung ist. Diese Einschätzung wird von [Hin99] S. 325 geteilt. „Sogar in Anwesenheit eines elektrostatischen Feldes, ist die Diffusionsaufladung der vorherrschende Mechanismus bei der Aufladung von Partikeln mit Durchmessern kleiner als 0,25 μm." Daher wird auf eine detaillierte theoretische Betrachtung der Feldaufladung verzichtet.

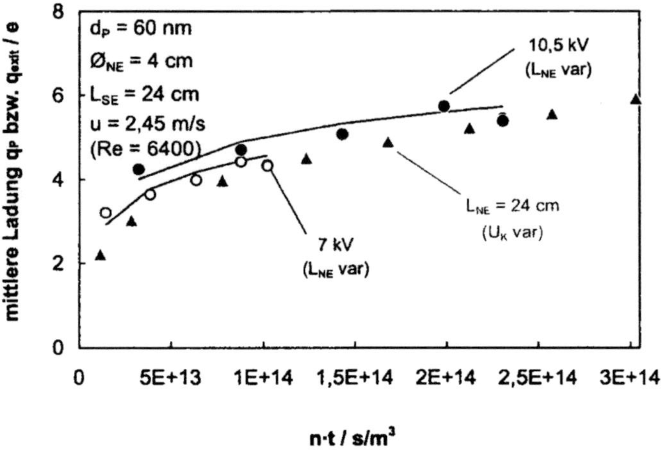

Abb. 2.6.: Gemessene (Punkte) und mit Marquards Modell berechnete (Linien) Partikelladungen in Abhängigkeit unterschiedlicher nt-Produkte entnommen aus [Mar06]

2.5. Thermische Gasionisation

Die Theorie der Ionisationsprozesse in schwach ionisierten Plasmen basiert auf der von Saha entwickelten Gleichung, die er 1920-1921 bei einem Aufenthalt in Berlin formulierte. In Sahas Theorie wird die Ionisation als chemisches Gleichgewicht zwischen freien Elektronen und Ionen auf der einen Seite und gebundenen Elektronen-Ionen-Paaren auf der anderen Seite betrachtet [EH02].

$$\log K = \log \frac{x^2}{1-x^2} p = -\frac{\Phi_{Ioni}}{4,571 \cdot T} + 2,5 \log T - 6,5, \qquad [2.32]$$

wobei x der thermische Dissoziationsgrad, Φ_{Ioni} die Ionisierungsenergie in cal, p der Druck in Atmosphären und T die Temperatur in K sind [Sah20]. Gleichung 2.32 zeigt, dass der Druck einen sehr großen Einfluss auf den Ionisierungsgrad hat. Wie bei der thermischen Emission von Elektronen und Ionen führt ein Anstieg der Temperatur zu einer Steigerung des Ionisierungsgrades. Je größer die Ionisierungsenergie eines Elementes ist, desto weniger wird es bei einer gegebenen Temperatur ionisieren. Die höchste Ionisierungsenergie überhaupt besitzt Helium.

Dresser [Dre68] formuliert die Saha-Gleichung algebraisch

$$\frac{n_p n_n}{n_0} = \left(\frac{2g_+}{g_0}\right)\left(\frac{2\pi mkT}{h^2}\right)^{3/2} \exp\left(\frac{-e\varphi}{kT}\right), \qquad [2.33]$$

wobei n_p, n_n und n_0 die Anzahlkonzentrationen der Ionen, Elektronen sowie neutralen Gasatome sind. g_+ und g_0 sind die statistischen Gewichte des Ionen- bzw. Atomzustandes, m ist die Elektronenmasse, k die Boltzmannkonstante, T die Gleichgewichtstemperatur des Systems, h das Plancksche Wirkungsquantum, e die Elementarladung und φ das erste Ionisierungspotential des Atoms.

Johnston und Kornegay [JK61] haben die Kinetik der thermischen Ionisation von Edelgasen untersucht. Sie kommen zu dem Schluss, dass die Aktivierungsenergie für die Produktion von Ionen nicht etwa die Ionisierungsenergie sondern die Energiedifferenz bis zum ersten angeregten Elektronenzustand ist. Sie finden für Xenon eine Aktivierungsenergie für die Ionisierung von etwa 8 eV statt 12,1 eV und für Krypton eine Aktivierungsenergie von etwa 10 eV anstelle von 14 eV.

Manheimer-Timnat und Low [MTL59] kamen in ihren Untersuchungen zur thermischen Ionisierung von Luft bzw. Gemischen aus Stickstoff und Sauerstoff zu dem Ergebnis, dass der dominierende Faktor im Ionisierungsprozess Stickstoffmonoxid NO ist, da es mit 9,25 eV die niedrigste Ionisierungsenergie aller möglicherweise vorhandener Spezies besitzt (vgl. Tabelle 4.1).

2.6. Elektrostatische Dispersion

Wenn sich die Summe der Ladungen in einem Aerosol von Null unterscheidet, kommt es zur so genannten elektrostatischen Dispersion. Von Fuchs [Fuc64] wurde der Effekt als elektrostatische Streuung bezeichnet. Die Rate, mit welcher die Konzentration infolge der Wirkung der Bulk-Ladung abnimmt, ist in allen Teilen des Aerosols gleich und hängt weder von der Größe noch der Form des Volumens ab, welches das Aerosol einnimmt. Es ist vielmehr eine Eigenschaft des Aerosols. Wenn sich das Aerosol in einer beschränkten Umgebung (wie etwa einem Rohr) befindet, führt die elektrostatische Dispersion zu einer Abscheidung des Aerosols an den Wänden. Weil die Konzentration des Aerosols an allen Orten gleich ist, hat die Bewegung des Aerosols keinen Effekt auf die elektrostatische Dispersion, d.h. die Gleichungen zur Beschreibung der Kinetik der elektrostatischen Dispersion gelten sowohl bei laminarer als auch bei turbulenter Strömung.

Nach Fuchs [Fuc64], Kasper [Kas81] und Katzer [Kat00] ergibt sich für die Abnahme der Partikelkonzentration bei einheitlich homopolarer Ladung und unter der Annahme einer räumlich homogenen Ladungsverteilung

$$\frac{dn(t)}{dt} = -E_{Dis} \cdot n(t)^2 = \frac{B \cdot q^2}{\varepsilon_0} \cdot n(t)^2 \qquad [2.34]$$

Hierin sind E_{Dis} der elektrostatische Dispersionskoeffizient und B die mechanische Partikelmobilität. Fuchs gibt für die Konzentrationsänderungen in einem polydispersen Aerosol, das Ladungen beider Polaritäten trägt, zusätzlich die folgende Gleichung an

$$-\frac{dn_i}{dt} = \frac{B_i}{\varepsilon_0} \cdot n_i \cdot q_i \cdot \sum_i (n_i \cdot q_i). \qquad [2.35]$$

2.7. Rekombination geladener Teilchen

[15] In Gasentladungsvorgängen spielt der Prozess, der beim Zusammentreffen eines positiven und eines negativen Ions auftritt und zur Bildung zweier neutraler Gaspartikeln führt, eine besondere Rolle. Diesen Prozess nennt man *Rekombination positiver und negativer Ionen* oder kürzer *Ionenrekombination.* Analog heißt die Bildung einer neutralen Gaspartikel durch ein positives Ion und ein freies Elektron *Elektronenrekombination.*

Unter der Annahme, dass die geladenen Teilchen im ionisierten Gas positive und negative Ionen sind und ihre Konzentrationen n_p und n_n betragen, ist die Anzahl der Ionenrekombinationen in 1 cm^{-3} pro Zeiteinheit unter sonst gleichen Bedingungen der Anzahl von Begegnungen des positiven Ions mit dem negativen Ion proportional. Diese Anzahl wird aber ihrerseits sowohl der Anzahl positiver als auch der Anzahl negativer Ionen in 1 cm^{-3} des Gases proportional sein. Für die Abnahme der Ionenanzahl läßt sich daher schreiben

$$\frac{dn_p}{dt} = \frac{dn_n}{dt} = -\alpha_i n_p n_n. \qquad [2.36]$$

hierin ist α_i der Rekombinationskoeffizient der Ionen [Kap55].

Zu beachten ist, dass zur Rekombination nicht nur das Zusammentreffen zweier entgegengesetzt geladener Teilchen notwendig ist. Es ist zudem erforderlich, dass die Geschwindigkeit der Relativbewegung dieser Partikeln nicht zu groß ist, da sonst die Teilchen unbeeinflusst aneinander vorbeifliegen könnten. Es ist also für die Verwirklichung

[15] Der Oberbegriff Teilchen umfasst im Rahmen dieser Arbeit Partikeln, Moleküle, positive und negative Gasionen sowie Elektronen.

einer Rekombination geladener Teilchen wesentlich, dass die gelandenen Teilchen beim Stoß mit neutralen Teilchen ihre kinetische Energie verlieren. Da der Energieverlust eines schnellen Teilchens beim elastischen Stoß proportional dem Massenverhältnis der in Energieaustausch tretenden Teilchen ist, so haben positive und negative Ionen bedeutend größere Wahrscheinlichkeiten, sich einander mit einer für die Rekombination genügend kleinen Geschwindigkeit zu nähern als das freie Elektron, welches sich einem positiven Ion nähert. Ausserdem wird bei der Rekombination eines Elektrons mit einem positiven Ion die überschüssige Energie ausgestrahlt, und die Realisierung des gesamten Prozesses ist noch von der Strahlungswahrscheinlichkeit abhängig, die minimal ist. Folglich ist der Rekombinationskoeffizient der Elektronen α_e um ein Vielfaches kleiner als der Rekombinationskoeffizient α_i der Ionen; α_i liegt bei Raumtemperatur in der Größenordnung von $2 \cdot 10^{-6}$ [MG67], α_e bei $2 \cdot 10^{-7}$ [KB68, Nyg66].

Tabelle 2.3 zeigt die Ionenrekombinationskoeffizienten einiger Gase.

Tab. 2.3.: Rekombinationskoeffizienten wichtiger Gase nach [Kap55].

Gas	Luft	O_2	H_2	CO_2	H_2O [100°C]
α_i 10^{-6}	1,603	1,612	1,440	0,868	etwa 0,56

2.8. Berechnung relevanter Gas- und Partikeldaten

Um die obigen Modelle zur Diffusionsaufladung anwenden zu können, müssen gewisse Annahmen bezüglich der Ioneneigenschaften getroffen werden. Dies sind Mittelwerte der Molekülgeschwindigkeit $\bar{c}$, der freien Weglänge λ, sowie der elektrischen Mobilität Z und der Diffusionskonstante D. Im Falle einer sinnvollen Analogie werden zudem die Größen für ungeladenen Moleküle, Ionen, Elektronen und Partikeln behandelt und einander gegenübergestellt.

Die *elektrische Mobiliät* Z bezeichnet die Beweglichkeit eines geladenen Teilchens unter der Wirkung eines elektrischen Feldes im umgebenden Gas. Sie ist als Verhältnis von stationärer Wanderungsgeschwindigkeit w zur elektrischen Feldstärke E in (Gl. 2.37) definiert und für geringe Feldstärken feldunabhängig.

$$Z = \frac{w}{E} \qquad [2.37]$$

Die elektrische Mobiliät ist mit der *mechanischen Beweglichkeit B* über die Ladung des betrachteten Teilchens q gemäß $Z = q \cdot B$ verknüpft. Während es eine beträchtliche Anzahl von Studien zu Mobiliätsmessungen an Ionen gibt, welche im Labor oder in der Atmosphäre gebildet wurden, ist die Kenntnislage zu Ioneneigenschaften bei höheren Temperaturen mehr als dürftig. Kilpatrick [Kil71] rechnet zwar die von ihm bei einer Temperatur von 200°C gemessenen *Ionenmobilitäten* Z_i unter Verwendung des idealen Gasgesetzes auf andere Druck-und Temperaturbedingungen um. Tammet [Tam95] kommt jedoch in einer Arbeit zur Größen- und Mobilitätsanalyse von Ionen und Partikeln weniger nm zu dem Schluss, dass die Temperaturabhängigkeit durch Gl. 2.38 deutlich überschätzt wird, während der Fehler der Druckabhängigkeit gering ausfällt.

$$Z_i = Z_{i,0} \frac{p_0}{p} \frac{T}{T_0} \qquad [2.38]$$

Darüber hinaus finden McDonald [MAMS80] für erhöhte Temperaturen (bis 343°C) Anhaltspunkte für einen Aufladungladungsbeitrag durch freie Elektronen.

Die vorliegenden Arbeiten (bei Umgebungsbedingungen) zeigen ausserdem, dass die Ionenmobilität sowohl von der chemischen Zusammensetzung des Trägergases, als auch vom Alter der Ionen abhängt [Loe47]. Es besteht ein Konsens darüber, dass anfänglich hochmobile Ionen nach ihrer Entstehung Clusterprozesse durchlaufen, die zu schwereren, stabileren Ionen geringerer Mobilität führen [BMC04]. Speziell für den Fall positiver Ionen ist die relative Feuchte des Trägergases wichtig, da Wassermoleküle zur Bildung hydratisierter Protonencluster führen [Moh74]. Die Effekte hoher Temperaturen (bis 1400°C) auf beide Mechanismen sind unklar, es kann lediglich eine verringerte Neigung zu Clusterbildung angenommen werden.

Elektrische Partikelmobilitäten Z_p sind ungleich einfacher mess- und vorhersagbar, da Z_p nicht vom Partikelmaterial abhängt und weitere Partikelmerkmale messtechnisch (z.B. optisch oder gravimetrisch) erfassbar sind.

$$Z_p = \frac{qC(d_p)}{3\pi\eta d_p} \qquad [2.39]$$

mit der Partikelladung q, der dynamischen Gasviskosität η, dem Partikeldurchmesser d_p und der Gleitkorrektur $C(d_p)$. Die Gleitkorrektur (z.B. Gl. 2.40 nach Allen und Raabe [AR82]) berücksichtigt den molekularen Schlupf an der Partikeloberfläche als Funktion der mittleren freien Weglänge des Gases (siehe unten). Sie geht für supermikrone Partikeln gegen eins.

$$C(Kn) = 1 + Kn(1,155 + 0,471 \exp \frac{-0,596}{Kn}) \qquad [2.40]$$

Die Knudsenzahl Kn ist das Verhältnis von mittlerer freier Weglänge und Partikelradius

$$Kn = \frac{2\lambda}{d_p}. \qquad [2.41]$$

Die *thermische Bewegung* von Gasmolekülen, Ionen, freien Elektronen und Partikeln verläuft ungerichtet mit statistisch verteilten Geschwindigkeiten. Im Fall eines ungestörten Systems kann die Geschwindigkeitsverteilung aller vier Teilchengruppen durch die Maxwell'sche Geschwindigkeitsverteilung

$$f(c)dc = 4\pi c^2 \left(\frac{m}{2\pi kT}\right) \exp\left(\frac{-mc^2}{2kT}\right) dc \qquad [2.42]$$

beschrieben werden. Dabei ist $f(c)dc$ der Anteil an Geschwindigkeiten zwischen c und $c + dc$, m die Masse des Teilchens und k die Boltzmannkonstante [Hin99]. Die mittlere Geschwindigkeit ist das erste Moment dieser Verteilung

$$\bar{c} = \int_0^\infty c f(c) dc = \left(\frac{8kT}{\pi m}\right)^{\frac{1}{2}} = \left(\frac{48kT}{\pi^2 \rho_p d^3}\right)^{\frac{1}{2}}. \qquad [2.43]$$

Der rechte Teil der Gleichung gilt für sphärische Partikeln mit einer Dichte ρ_p. Die mittlere Geschwindigkeit steigt also proportional zur Wurzel der Temperatur.

Der *Diffusionskoeffizient D* ist über die Stokes-Einstein-Relation mit der elektrischen Mobilität Z verknüpft.

$$D = \frac{ZkT}{q} = BkT \qquad [2.44]$$

Er wird linear mit der Temperatur größer. Die verfügbaren Modelle, die den binären Diffusionskoeffizienten mit der mittleren freien Weglänge verbinden wurden von Huang und Seinfeld [HS88] zusammengefasst; abhängig von der relativen Größe der Masse der Ionen m_i zu der Masse der Gasmoleküle m_a, ist einer der folgenden Ausdrücke zu verwenden.

$$D_i = \begin{cases} \frac{1}{3}\lambda_i \bar{c}_i & \text{for } m_i \ll m_a, \\ 0,5985\lambda_i \bar{c}_i & \text{for } m_i \approx m_a, \\ \frac{3\pi m_i}{34 m_a}\lambda_i \bar{c}_i & \text{for } m_i \gg m_a, \end{cases} \qquad [2.45]$$

Die *mittlere freie Weglänge* λ eines Teilchens entspricht der Distanz, die das Teilchen im Mittel zwischen zwei Stoßereignissen zurücklegt. Bei diesen Stoßereignissen kann es sich um Kollisionen gleichartiger Teilchen oder um Stöße verschiedenartiger Teilchen handeln. Im Rahmen dieser Arbeit sind nur Kollisionen der vier Teilchenarten Molekül, Ion, Elektron und Partikel mit *ungeladenen Gasmolekülen* relevant.

Geometrische und statistische Überlegungen zur Kollision ausschließlich ungeladener Moleküle binärer Gase im Rahmen der kinetischen Gastheorie führen zur folgenden mittleren freien Weglänge [CC52].

$$\lambda_1 = \frac{1}{\sqrt{2}n_1\pi\sigma_1^2 + n_2\sigma_{12}^2\sqrt{1+\frac{m_1}{m_2}}}, \qquad [2.46]$$

wobei $\sigma_{12} = 1/2(\sigma_1 + \sigma_2)$ den binären Kollisionsdurchmesser darstellt. n_1 und n_2 sind die Molekülanzahldichten der beiden Gassorten.

Falls nur eine Gassorte vorliegt ergibt sich die mittlere freie Weglänge

$$\lambda_a = \frac{1}{\sqrt{2}n_a\pi\sigma_a^2}, \qquad [2.47]$$

n_a ist die Anzahldichte der Moleküle, σ_a der Kollisionsdurchmesser und der Index a steht für ungeladene Gasmoleküle [CC52].

Vor dem Hintergrund, dass die Ionenanzahlkonzentrationen deutlich niedriger sind als die Anzahlkonzentration an neutralen Gasmolekülen ergibt sich, dass die freie Weglänge der Ionen durch Stöße mit den Gasmolekülen bestimmt ist. Deswegen entfällt der erste Term im Nenner von Gl. 2.46, und die *freie Weglänge der Ionen* λ_i vereinfacht sich zu [BMC04]

$$\lambda_i = \frac{1}{n_a\pi\sigma_{i,a}^2\sqrt{1+\frac{m_i}{m_a}}}. \qquad [2.48]$$

Gl. 2.48 veranschaulicht, dass die mittlere freie Weglänge der Ionen weder von ihrer Konzentration noch von ihrer thermischen Geschwindigkeit abhängt.

Statt dessen verwenden einige Autoren (wie z.B. Adachi [AKO85] den von Pui in seiner Doktorarbeit abgeleiteten Ausdruck)

$$\lambda_i = 1,329 \frac{Z_i}{e} \sqrt{\frac{kTm_i m_a}{(m_i + m_a) n_a}}, \quad [2.49]$$

welcher den Vorteil hat, dass keine schwer zu ermittelnden Kollisionsdurchmesser benötigt werden.

Für *freie Elektronen* vereinfacht sich Gl. 2.46 wegen $m_e/m_a \ll 1$ und $n_{\ll} n_a$ zu

$$\lambda_e = \frac{1}{\pi n_a \sigma_{e,a}^2}. \quad [2.50]$$

2.8.1. Typische Gasparameter

Die in der Tabelle 2.4 dargestellten Werte sind der Arbeit von Marquard entnommen und dienen als Grundlage für die Berechnung der Ioneneigenschaften bei erhöhten Temperaturen mittels der obigen Formeln.

Tab. 2.4.: Beispielhafte Zahlenwerte der Gasparameter in Luft bei Standardbedingungen (298 K, 1 bar) nach [Mar06].

	Molmasse (Masse) M (m) kg/mol (kg)	Thermische Geschwindigkeit $\bar{c}$ m / s	Diffusionskonstante D m^2/s	Elektrische Mobilität Z $10^{-4}\ m^2/s$	Freie Weglänge λ 10^{-9} m
Luftmolekül, ungeladen	0,029 $(4,8 \cdot 10^{-26})$	462	$2,1 \cdot 10^{-5}$ (O_2 in Luft)	-	66
Negatives Ion	0,050 $(8,3 \cdot 10^{-26})$	356	$5 \cdot 10^{-6}$	1,4	14,5
Positives Ion	0,109 $(1,8 \cdot 10^{-25})$	241	$3,64 \cdot 10^{-6}$	1,9	17,8
Elektron	$5,48 \cdot 10^{-7}$ $(9,1 \cdot 10^{-31})$	$2,53 \cdot 10^5$	0,580	3182	652

3. Hypothese zu den bei der Hochtemperaturaufladung ablaufenden Prozessen

In einem Hochtemperaturaerosolprozess bestehend aus den Komponenten Trägergas, Partikeln und Systemwänden, wird der Ladungszustand der Partikeln abhängig von der Temperatur durch unterschiedliche Prozesse beeinflusst werden. Dabei handelt es sich im Wesentlichen um thermische Elektronenemission, unipolare Diffusionsaufladung und bipolare Diffusionsaufladung. Die thermische Elektronenemission erfolgt einerseits aus den Partikeln und andererseits aus den Systemwänden (der Wand des aerosolführenden Rohres). Obwohl es sich physikalisch um den gleichen Mechanismus handelt, sind die Auswirkungen auf den Gegenstand unserer Untersuchungen, die Partikelladung, gegensätzlich.

Prinzipiell führt die thermische Emission von Elektronen (vgl. Abbildung 3.1), wenn sie nicht (beispielsweise durch vollständige Rekombination) ausgeglichen werden kann, zu einer positiven Aufladung des emittierenden Objekts.

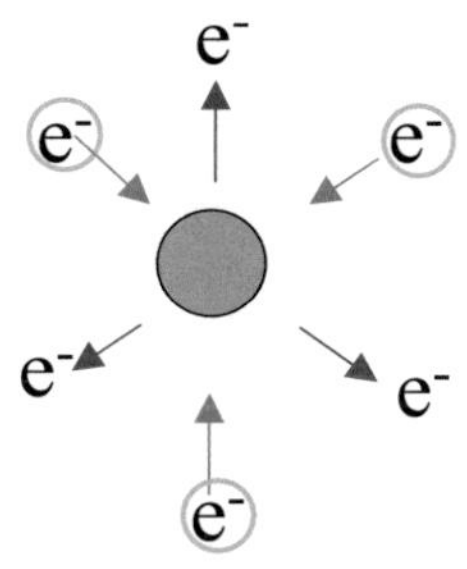

Abb. 3.1.: Schema der Elektronenemission aus Partikeln inklusive Rekombination von Partikeln und Ionen

Die emittierten und damit freien Elektronen werden instantan an neutrale Gasmoleküle angelagert. Die resultierenden negativen Gasionen sind deutlich weniger mobil als die Elektronen.

In einem Hochtemperaturaerosolsystem kommt es daher zu zwei die Ladung der Partikeln gegensätzlich beeinflussenden Prozessen.

- Die thermische Elektronenemission aus den Partikeln selbst führt zu einer positiven Aufladung der Partikeln, weil diese mit den Elektronen negative Ladungsträger verlieren.

  Mit einer gewissen Wahrscheinlichkeit, die von der Konzentration der Partikeln abhängt, lagern sich bereits aus Partikeln emittierte Elektronen, bzw. aus dem Zusammenstoß von Elektronen und Gasmolekülen gebildete negative Ionen, wieder an die Partikeln an, wodurch die mittlere Ladung des Partikelkollektivs weniger positiv wird. Dieser Rekombinationsprozess wird bei hohen Partikelkonzentrationen begünstigt. Dabei ist zu beachten, dass es insbesondere bei hohen Konzentrationen zu einer negativen Aufladung eines Teils der Partikeln kommen kann. Mohr und Burtscher haben bei ihren Untersuchungen zur Photoemission an hochkonzentrierten Aerosolen genau diesen Effekt beobachtet [MB97]. Ob die Anregung zur Elektronenemission thermisch oder photoelektrisch erfolgt, ist für den Rekombinationsprozess nicht von Bedeutung.

- Die unipolare Diffusionsaufladung der Partikeln mit negativen Ladungsträgern (Ionen) bewirkt eine negative Aufladung der Partikeln. Als Quelle der negativen Ionen wirkt hauptsächlich die thermische Elektronenemission aus den Systemwänden (vgl. Abbildung 3.2).

Abhängig von der herrschenden Temperatur sowie der Elektronenaustrittsarbeit der Partikeln und der Systemwände dominiert entweder die Elektronenemission aus den Partikeln oder die unipolare Diffusionsaufladung den Ladungszustand der Partikeln, so dass im Mittel positive, negative und neutrale Partikelladungen gefunden werden können.

Ein „Einfrieren" des Ladungszustandes der Partikeln durch Abscheiden der freien Ladungsträger durch ein schwaches elektrisches Feld führt dann zu einer Verschiebung der mittleren Partikelladung in positive Richtung, weil die freien Ladungsträger, egal ob sie ursprünglich aus den Systemwänden oder den Partikeln stammen, negativ sind. Der

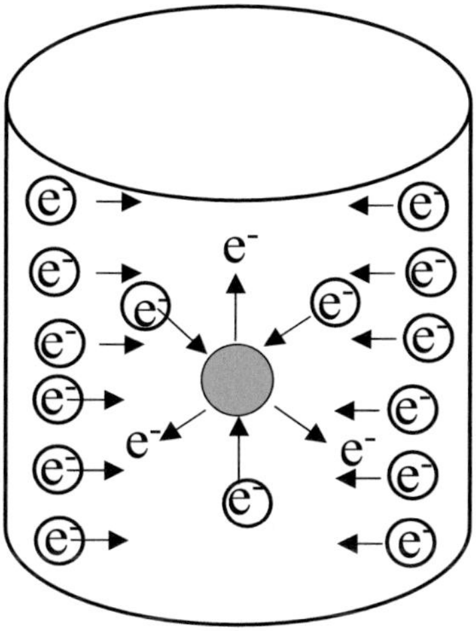

Abb. 3.2.: Schema der Aufladungsprozesse der Partikeln in einem geheizten Rohr: Elektronenemission aus Partikeln bewirkt positivere Ladung, die Elektronenemission aus der Rohrwand stellt negative Gasionen zur unipolar negativen Diffusionsaufladung bereit.

weitere Kontakt zwischen Partikeln und negativen Ionen wird erschwert, wodurch die mittlere Partikelladung im Vergleich mit dem unbeeinflussten System weniger negativ ist. Es handelt sich dabei also nicht etwa um eine Aufladung mit positiven Ladungsträgern, sondern um eine verhinderte Aufladung mit negativen Ladungsträgern.

- Im Bereich der höchsten untersuchten Ofentemperaturen (1200°C bis 1400°C) kommt ein dritter Prozess zum Tragen; die thermische Ionisation des Trägergases. Die Ionisierung der Trägergasmoleküle führt zur Bildung von freien Elektronen und positiven Gasionen in gleicher Konzentration, da ein Gasmolekül genau ein Elektron abspaltet und als einfach positiv geladenes Gasion zurückbleibt (vgl. Abbildung 3.3). Zusätzlich zu den bereits bei niedrigeren Temperaturen vorhandenen negativen Gasionen liegen daher nun auch positive Gasionen und freie Elektronen vor. Da die Ionisierungsenergien der Gase um mehrere Elektronenvolt größer sind als die Austrittsarbeiten der Partikeln und Systemwände, setzt die Gasionisation erst bei höheren Temperaturen spürbar ein. Durch die um mehrere Größenordnungen höhere Konzentration an Gasmolekülen im Vergleich zur Partikelkonzentration wird der Effekt dann jedoch dominierend, so dass man von einer ungefähr gleich großen Konzentration an freien negativen Ladungsträgern (Elektronen und Ionen) und positiven Gasionen ausgehen kann, weil die durch thermische Emission aus den Rohrwänden generierten negativen Ionen nicht mehr ins Gewicht fallen. Das Vorhandensein von Ionen beider Polaritäten in etwa gleicher Konzentration

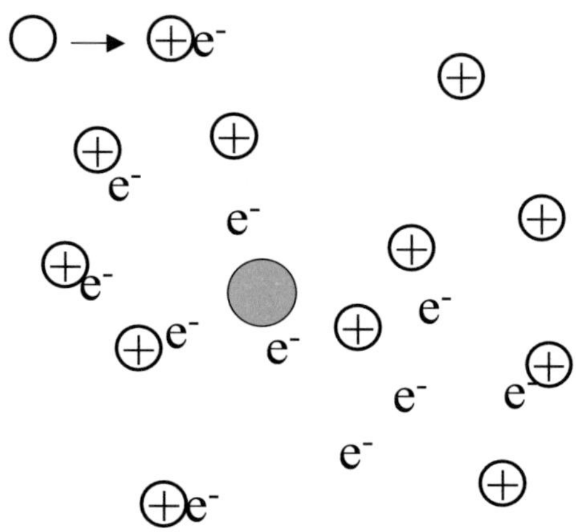

Abb. 3.3.: Schema der Aufladungsprozesse der Partikeln bei Gasionisation: Gasmoleküle dissoziieren in je ein Elektron und einen positiven Gasmolekülrumpf.

führt also zu einer bipolaren Diffusionsaufladung.

Diese verläuft „zeitversetzt“ :

In einem ersten Schritt, im Bereich der höheren Temperaturen im Ofen, werden die Partikeln durch die freien Elektronen, die sehr viel mobiler als die positiven Gasionen sind, und daher schneller zu den Partikeln gelangen, negativ aufgeladen. Die positiven Gasionen bleiben zunächst als freie Ionen im System.

Im zweiten Schritt, während der Abkühlung, werden die bereits negativ aufgeladenen Partikeln durch die noch verfügbaren freien positiven Gasionen neutralisiert. Bei den höchsten Ofentemperaturen wird das Trägergas Luft so stark ionisiert, dass nach der Abkühlung eine vollständige Neutralisation erreicht wird. Die Partikelladungen sind dann Boltzmann-verteilt.

Werden die ablaufenden Prozesse vorzeitig gestoppt, bevor alle freien Ladungsträger über Diffusionsvorgänge zu den Partikeln gelangen konnten, indem alle freien Ladungsträger aus dem System entfernt werden, bleibt die bis dahin erreichte mittlere Partikelladung erhalten. Bei den freien Ladungsträgern, die aus dem System entfernt werden, handelt es sich im Fall der Gasionisation hauptsächlich um positive Gasionen. Daher ergibt sich beim „Einfrieren des Ladungszustandes" eine scheinbare Aufladung mit negativen Ladungsträgern (im Vergleich zum unbeeinflussten System). In Wirklichkeit wird eine Entladung der bereits negativ aufgeladenen Partikeln durch positive Gasionen verhindert.

Die Fähigkeit der Partikeln Elektronen zu emittieren nimmt exponentiell mit der Temperatur zu. Wahrscheinlich sind die Partikeln im Bereich der höchsten Temperatur daher immer positiv (oder am schwächsten negativ) geladen, da egal wie viele negative Ladungsträger über Diffusionsaufladung an die Partikeln angelagert werden, die Elektronenemission aus den Partikeln vorherrscht.

Ionenquellen und -senken Die Konzentrationen an freien Elektronen sowie an Gasionen beider Polaritäten wird dabei durch die thermische Elektronenemission aus den Partikeln und der Systemwand (vgl. Kapitel 2.1) sowie die thermische Gasionisation (vgl. Kapitel 2.5) erhöht, während die Diffusionsaufladung (vgl. Kapitel 2.3.1) sowie die elektrostatische Dispersion (vgl. Kapitel 2.6) und die Ionenrekombination (vgl. Kapitel 2.7) eine Abnahme der Konzentration der freien Ladungsträgern bewirken.

4. Experimentelle Validierung der Aufladungshypothese

Ziel der experimentellen Untersuchungen ist die Prüfung der in Kapitel 3 vorgestellten Aufladehypothese. Dazu wurde versucht, einzelne Auflademechanismen aus dem Gesamtsystem zu isolieren. So wurde untersucht, welche Partikelaufladung infolge der Temperatureinwirkung im Ofen auch nach der Abkühlung noch übrig bleibt (vgl. Kapitel 4.2). Dazu wurden insbesondere der Einfluss der Ofentemperatur, der Partikelkonzentration sowie der Partikelgröße bestimmt.

Darüberhinaus wurde der Ladungszustand der Partikeln durch Absaugen der Gasionen im elektrischen Wechselspannungsfeld manipuliert (vgl. Kapitel 4.3). Von besonderem Interesse war hierbei einerseits die Partikelgrößenabhängigkeit. Über den Zusammenhang zwischen der Partikelgröße und der mittleren Partikelladung kann zwischen Feld-und Diffusionsaufladung unterschieden werden. In der Aufladehypothese wird angenommen, dass die Feldaufladung in den Experimenten vernachlässigbar ist. Andererseits kann über die bei niedrigeren und höheren Temperaturen unterschiedlichen Auswirkungen des elektrischen Feldes auf die mittlere Partikelladung ermittelt werden, in welchem Temperaturbereich die Gasionisation entscheidend für die Aufladung ist.

Bei der Betrachtung von Partikelladungszuständen ist die Ladungsverteilung (vgl. Kapitel 4.4) naturgemäß aussagekräftiger, als die bloße mittlere Partikelladung.

In Kapitel 4.5 wurde die Ionisierung unterschiedlicher Trägergase als Funktion der Temperatur untersucht.

Durchführung der Versuche Die mittlere Partikelladung von drei Modellmaterialien (Ceroxid, Titandioxid und Platin) mit stark unterschiedlichen Austrittsarbeiten wurde in Luft als Trägergas untersucht. Dazu wurde die mittlere Ladung der Aerosolpartikeln gemessen, nachdem sie im Ofen hoher Temperatur ausgesetzt und anschließend abgekühlt waren. Der Versuchsaufbau ist in Abbildung 4.1 dargestellt.

Nach der Generierung des jeweiligen Partikelmaterials wurde mit Hilfe eines bipolaren radioaktiven Strahlers (^{85}Kr) ein definierter quasi-neutraler Ladungszustand des

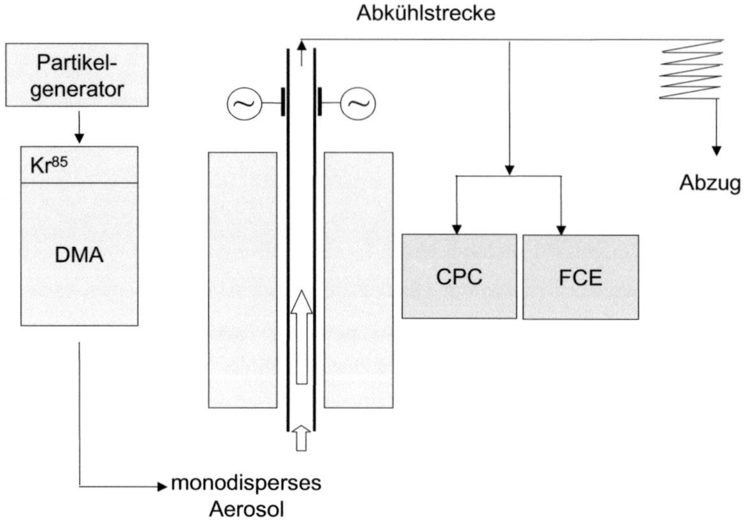

Abb. 4.1.: Versuchsaufbau zur Bestimmung der mittleren Partikelladung nach Ofenpassage

Aerosols eingestellt. Im Anschluss wurde das Aerosol in einem Differential Mobility Analyser (DMA) nach der elektrischen Mobilität klassiert. Die derart ausgewählte Größenfraktion[1] wurde dann durch den Hochtemperaturofen geleitet, an den sich stromabwärts eine Elektrodenzone anschloss, wo ein elektrisches Feld angelegt werden konnte. Nach der Abkühlung des Aerosols und möglicher (Re-)Kombination von Partikeln und freien Ladungsträgern wurde die mittlere Partikelladung mit einer Kombination von Kondensationspartikelzähler (CPC) und Farraday-Cup-Elektrometer (FCE) bestimmt.

[1] Die elektrische Mobilität entspricht bei den gewählten Bedingungen in guter Näherung der Partikelgröße. Wichtig hierbei ist, dass die jeweilige Partikelfraktion am Modalwert des Ursprungsaerosols oder rechts davon klassiert wird (Katzer 2000). Damit bleiben Fehler durch mehrfach geladene Partikeln bis zu Partikelgrößen von 200 nm vernachlässigbar.

4.1. Vorbemerkungen zu Partikelgenerierung und axialem Temperaturprofil

4.1.1. Partikelgenerierung

Die **Titandioxidpartikeln** werden mit Hilfe eines Chemical-Vapor-Synthesis-Prozesses generiert. Titantetraisopropoxid (TTIP) wird in einem Sättiger bei einer Temperatur von 50°C in einen partikelfreien Stickstoffstrom verdampft. Im anschließenden Rohrofen wird der TTIP-Dampf bei einer Temperatur von 500°C thermisch in übersättigten Titandioxiddampf zersetzt. Der Titandioxiddampf bildet sofort primäre Metalloxidcluster durch Kollisisons- und Koaleszenzmechanismen. Größere sekundäre Partikel bilden sich beim Abkühlen sowohl durch Agglomeration der Cluster als auch durch die gleichzeitige Kondensation der verbleibenden Dampfmoleküle auf den Clustern.

Abbildung 4.2 zeigt in Abbildungsteil a) die Partikelgrößenverteilung und in Abbildungsteil b) eine REM-Aufnahme der Titandioxidpartikeln nach der Generierung.

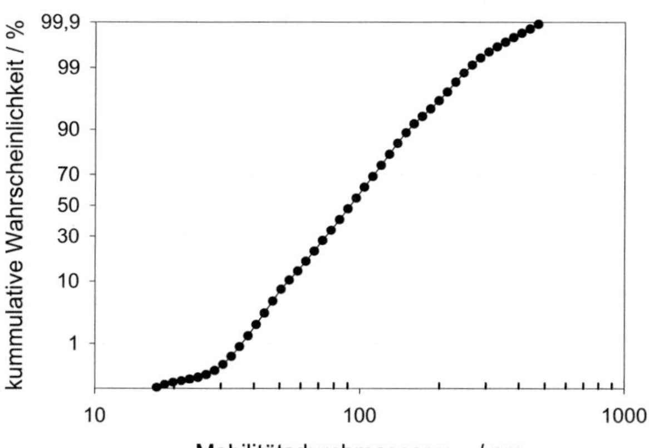

(a) Partikelgrößenverteilung im Wahrscheinlichkeitsnetz
Mittlerer Durchmesser: 96 nm, Standardabweichung: 1,54

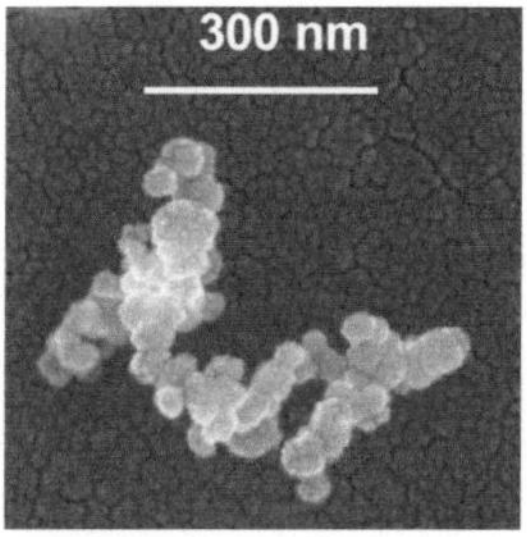

(b) REM-Aufnahme

Abb. 4.2.: Titandioxidpartikeln

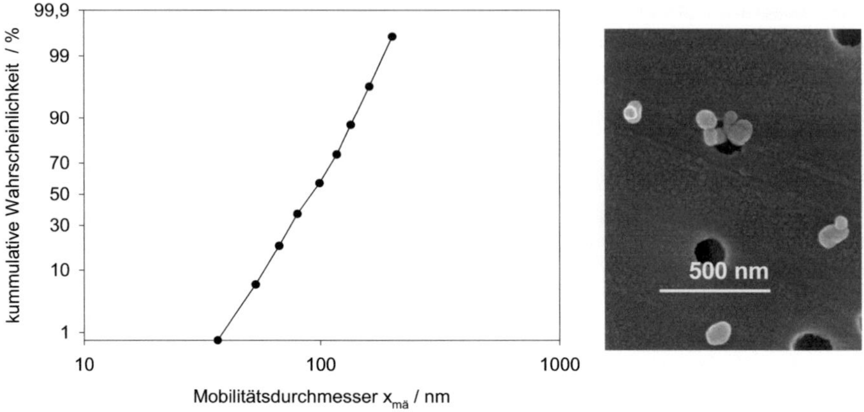

(a) Partikelgrößenverteilung im Wahrscheinlichkeitsnetz
Mittlerer Durchmesser: 91 nm, Standardabweichung: 1,42

(b) REM-Aufnahme nach Sinterofen

Abb. 4.3.: Platinpartikeln

Die **Platinpartikeln** werden in einem sogenannten Funkengenerator hergestellt. Der Trägergasstrom (Stickstoff, Kohlenstoffdioxid oder Helium) durchströmt den Zwischenraum zwischen zwei sich gegenüberstehenden Platinelektroden. Elektrisch parallel zu den Elektroden ist ein Kondensator geschaltet, der von einem Hochspannungsgerät (Modell HCK400M-20000) aufgeladen wird. Nach dem Erreichen der Durchbruchsspannung, die vom Elektrodenabstand und dem Trägergas abhängt, findet die Entladung mit einer typischen Frequenz von ca. 10 Hz durch Funkenüberschlag statt. Dabei wird Platin von den Elektrodenoberflächen verdampft. Der Platindampf kühlt sehr schnell ab, wobei Platinprimärpartikeln duch homogene Nukleation gebildet werden. Größere dentritartige Partikeln bilden sich durch die Agglomeration der Primärpartikeln. Um die Partikelgröße bei den Hochtemperaturexperimenten möglichst konstant zu halten, wurden die Platinagglomerate nach der Generierung in einem Rohrofen bei 850°C versintert. Eine Partikelgrößenverteilung, der so konditionierten Partikeln ist in Abbildung 4.3 a) dargestellt. Abbildungsteil b) von Abbildung 4.3 zeigt eine REM-Aufnahme der Platinpartikeln nach ihrer Generierung und Versinterung.

Ceroxid wurde als Partikelmaterial gewählt, weil es eine niedrige Austrittsarbeit hat und auch nach dem Durchgang durch den Hochtemperaturofen (im Unterschied zu Alkalimetallen) noch detektierbar ist.

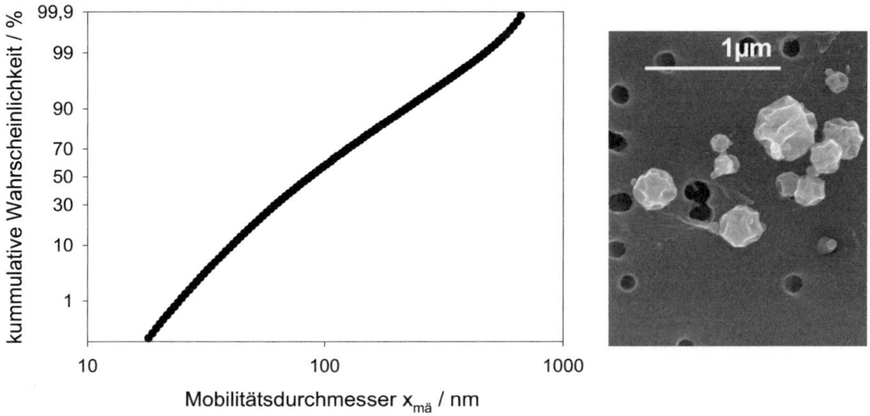

(a) Partikelgrößenverteilung im Wahrscheinlichkeitsnetz
Mittlerer Durchmesser: 87 nm, Standardabweichung: 1,91

(b) REM-Aufnahme nach Sinterofen

Abb. 4.4.: Ceroxidpartikeln

Zur Generierung wird Ceracetat Sesquihydrat in Wasser gelöst. Anschließend wird die Lösung mittels einer Zweistoffdüse in einen Luftstrom dispergiert (ATM220, Topas GmbH). Das Aerosol mit Tropfen im Mikrometerbereich wird zunächst durch einen Diffusionstrockner geleitet und anschließend durch einen Rohrofen (T = 1100°C) geführt, worin einerseits die Tropfen vollständig verdampfen und andererseits das Ceracetat Sesquihydrat mit dem Luftsauerstoff zu Ceroxid durchoxidiert wird.

Eine Partikelgrößenverteilung von Ceroxidpartikeln ist in Abbildung 4.4 a) zu sehen. Abbildungsteil b) von Abbildung 4.4 zeigt eine Rasterelektronenmikroskop-Aufnahme der so generierten Ceroxidpartikeln.

4.1.2. Axiales Temperaturprofil

Trotz aller Bemühungen die Temperatur durch eine zusätzliche Isolierung möglichst hoch zu halten, konnte ein deutlicher Temperaturabfall zwischen der beheizten Zone des Ofens und der Elektrodenzone nicht verhindert werden.

Abbildung 4.5 zeigt den Verlauf der Temperatur des Trägergases Luft als Funktion der axialen Position für Ofensolltemperaturen von 1000°C und 1400°C bei einem Normvolumenstrom von $6{,}6\,l \cdot min^{-1}$.

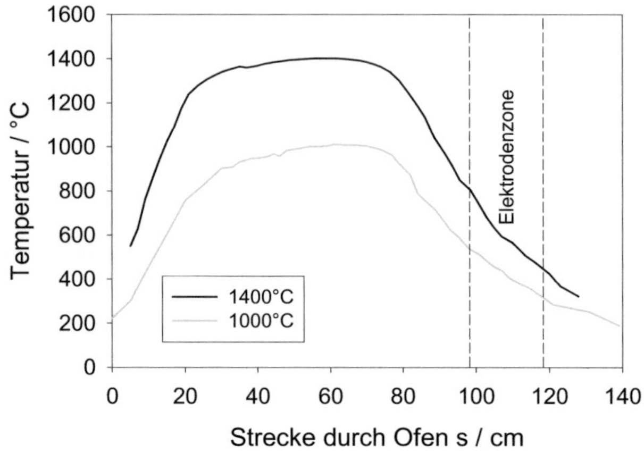

Abb. 4.5.: Axiale Temperaturprofile im Ofen bei Ofensolltemperaturen von 1000°C und 1400°C

Beim Eintritt in die Elektrodenzone (durch gestrichelte Linien angedeutet) hat sich das Gas bei einer Ofensolltemperatur von 1400°C bereits auf 800°C abgekühlt. Beträgt die Ofensolltemperatur 1000°C ist die Lufttemperatur beim Eintritt in die Elektrodenzone nur noch 540°C.

4.2. Messungen der mittleren Partikelladung nach Ofenpassage ohne äußere Beeinflussung

4.2.1. Ofentemperatureinfluss

In einem grundlegenden Versuch (vgl. Abb. 4.1) wurde der Einfluss der Ofentemperatur auf die mittlere Partikelladung nach der Abkühlung bestimmt. Die Resultate für Ceroxid- und Titandioxidpartikeln mit einem mobilitätsäquivalenten Durchmesser von jeweils 150 nm, sowie für Platinpartikeln mit einem mobilitätsäquivalenten Durchmesser von 100 nm sind in Abbildung 4.6 dargestellt und zeigen völlige Übereinstimmung mit der Aufladehypothese (Kapitel 3).

Ceroxid als Partikelmaterial mit niedrigster Austrittsarbeit (Literaturwert: 3,5 eV) emittiert bereits bei Temperaturen oberhalb von 600°C in signifikantem Maße Elektronen, so dass die Partikeln nach Ofenpassage und anschließender Abkühlung im Mittel positiv geladen sind. Infolge verstärkter thermischer Elektronenemission steigt die posi-

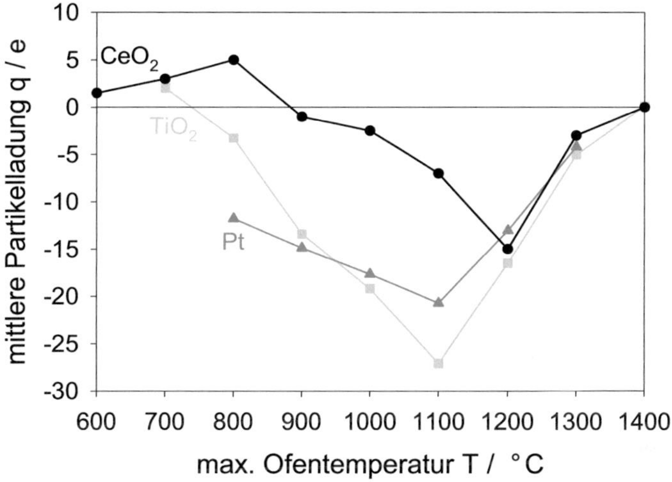

Abb. 4.6.: Einfluss der Ofentemperatur auf die mittlere Partikelladung von Ceroxidpartikeln sowie Titandioxidpartikeln (jeweils mobilitätsäquivalenter Durchmesser :150nm) und Platinpartikeln (mobilitätsäquivalenter Durchmesser :100nm)

tive Partikelladung für 700°C und 800°C weiter an. Bei 800°C beträgt die mittlere Partikelladung +5 Elementarladungen. In diesem Bereich verhältnismäßig niedriger Temperaturen ist im Fall von Ceroxid die thermische Elektronenemission der dominierende Auflademechanismus. Die Systemwände aus Aluminiumoxid emittieren aufgrund ihrer höheren Austrittsarbeit (Literaturwert: 4,7 eV) in deutlich geringerem Maße Elektronen. Daher stehen hauptsächlich die negativen Gasionen für den unipolaren Diffusionsaufladungsprozess zur Verfügung, die zuvor bereits aus den Partikeln emittiert worden sind. Die Diffusionsaufladung kann in diesem Fall also auch theoretisch kaum mehr als eine Wiederherstellung des Eingangsladungszustandes (mittlere Ladung: +1 Elementarladung nach Klassierung) bewirken. Für diese vollständige Rekombination von Partikeln und daraus emittierten Elektronen müssten fast alle gebildeten Gasionen auf die Partikeln auftreffen und nicht teilweise an die Systemwände verloren gehen.

Die bipolare Diffusionsaufladung spielt in diesem Temperaturbereich keine Rolle, da das Trägergas nicht ionisiert.

Bei einer Temperatur von 900°C nimmt die thermische Elektronenemission aus den Partikeln weiter zu. Allerdings emittiert dann auch das Arbeitsrohr in größerem Ausmaß Elektronen, so dass sich im Mittel nach der Abkühlung leicht negative Partikeln ergeben. Daraus geht klar hervor, dass bei dieser Temperatur die (negative) Diffusionsaufladung bereits der bestimmende Mechanismus für die Partikelaufladung ist.

Für weiter steigende Temperaturen dominiert die unipolare (negative) Diffusionsaufladung mit Elektronen aus den Rohrwänden zunehmend den Ladungszustand nach der Abkühlung des Aerosols.

Der Trend, einer mit steigender Temperatur stärker negativ werdenden Partikelladung (nach Abkühlung), setzt sich bis zu Temperaturen von 1200°C fort. Mit -15 Elementarladungen sind die Ceroxidpartikeln dann im Mittel am stärksten negativ geladen. Bei noch höheren Temperaturen wird der Partikelladungszustand immer stärker durch die Gasionisation beeinflusst. Die sich bildende bipolare Ionen-/ Elektronenatmosphäre führt dazu, dass die Partikeln nach Abkühlung teilweise „entladen“ sind. Bei einer Ofentemperatur von 1400°C ist das abgekühlte Aerosol im Mittel vollständig entladen.

Für **Titandioxid** dessen Austrittsarbeit von 4,7 eV etwa gleich wie die der Rohrwand ist und zwischen der von Ceroxid und Platin liegt, ist aufgrund der höheren Austrittsarbeit, die thermische Elektronenemission weniger stark ausgeprägt als für Ceroxid. Daher ändert sich der Ladungszustand der Partikeln bei der Ofenpassage für die niedrigste betrachtete Temperatur nicht signifikant. Wenn bei 800°C die thermische Elektronenemission unzweifelhaft eine positive Aufladung bewirkte, ist die unipolar negative Diffusionsaufladung durch das Rohr bereits der dominierende Mechanismus (-3 Elementarladungen). Bei einer maximalen Ofentemperatur von 1100°C ist die mittlere Ladung nach der Abkühlung mit -27 Elementarladungen betragsmäßig am größten. Für höhere Ofentemperaturen führt auch hier die stärker in Gang kommende Gasionisation und die korrespondierende bipolare Diffusionsaufladung schließlich zu einer vollständigen Neutralisierung der mittleren Partikelladung bei einer Ofentemperatur von 1400°C.

Platin (Austrittsarbeit 5,7 eV) ist von allen untersuchten Partikelmaterialien am wenigsten geneigt, Elektronen zu emittieren, so dass die unipolar negative Diffusionsaufladung hier von Anfang an stärker dominiert. Durch Kollisionen mit negativen Gasionen erworbene Elektronen, werden von den Platinpartikeln nicht in signifikanter Weise emittiert. Bei einer maximalen Ofentemperatur von 800°C tragen die Partikeln durch die unipolar negative Diffusionsaufladung daher bereits -12 Elementarladungen.

Bei weiter steigender Ofentemperatur kommt die thermische Elektronenemission zwar besser in Gang, allerdings emittiert auch das Arbeitsrohr stärker, so dass der Überschuss an negativen Gasionen, die für die unipolare Diffusionsaufladung zur Verfügung stehen, größer wird. Infolge dessen wird bei einer maximalen Ofentemperatur von 1100°C eine mittlere Partikelladung von -20 Elementarladungen erreicht. Damit sind die Platinpartikeln bei der gleichen maximalen Temperatur weniger stark als die Titandioxidpartikeln geladen. Das ist mit der Aufladungshypothese in Einklang zu bringen, wenn die unterschiedlichen Partikelgrößen (mobilitätsäquivalenter Durchmesser von Platin 100 nm und von Titandioxid 150 nm) in Betracht gezogen werden, da sowohl die unipolare Diffusionsaufladung als auch die Aufladung infolge von Elektronenemission für größere Partikeln zu einer stärkeren Aufladung führen.

Bei den höheren Ofentemperaturen von 1200 und 1300°C zeigt sich auch für Platinpartikeln der zunehmende Einfluss der Gasionisation an einer Abnahme des Betrags der mittleren negativen Partikelladung.

Die bisher diskutierten und in Abbildung 4.6 dargestellten mittleren Ladungen sind das Ergebnis des Zusammenwirkens der in der Aufladungshypothese beschriebenen Mechanismen: thermische Elektronenemission, unipolar negative Diffusionsaufladung und bipolare Diffusionsaufladung. Die mittleren Partikelladungen, die erst nach der Abkühlung des Aerosols gemessen werden konnten, lassen nur Vermutungen über die Verhältnisse im Innern des Ofens zu. Es ist zu erwarten, dass die Partikeln dort im Mittel positiv geladen sind, auch wenn zusätzliche negative Ladungstärger (inform von freien Elektronen und negativen Gasionen) vorhanden sind; da sich aufgrund der thermischen Emission von Elektronen aus den Partikeln, deren möglicherweise negative Ladung immer wieder zu positiveren Werten verschieben würde.

Das Temperaturprofil, welches sich im Ofen ausbildet spielt eine wichtige Rolle bei den Aufladungsprozessen; der Ladungszustand nach der Abkühlung gibt nur bedingt Aufschluss über den Ladungszustand bei der maximalen Temperatur, bei der sowohl die Anzahl an freien Ladungsträgern (Ionen + Elektronen) als auch die Elektronenemission aus den Partikeln am größten ist.

4.2.2. Einfluss der Partikelkonzentration auf die mittlere Partikelladung

Der im folgenden beschriebene Versuch verdeutlicht den Einfluss der Partikelanzahlkonzentration auf die Aufladung. Die Messungen wurden an einem Kollektiv von Platinpartikeln in einer Stickstoffatmosphäre durchgeführt. Das Arbeitsrohr war in diesem Fall aus Quarzglas (Austrittsarbeit von SiO_2: 5,0 eV). Die Partikeln waren hierbei nicht vor Eintritt in den Ofen versintert worden, ausserdem wurde mit dem ganzen Partikel-Kollektiv gearbeitet, weil sowohl die Versinterung als auch die Größenklassierung, die zur Verfügung stehende Ausgangskonzentration, verringert hätten. Die Konzentration wurde durch zunehmende Verdünnung variiert, was keinen Einfluss auf die Partikelgrößenverteilung hinsichtlich Breite und Mittelwert hatte. Die mittlere Partikelladung wurde mit einer Parallelschaltung aus Konzentrationskernzähler (CPC) und Faraday Cup Elektrometer (FCE) gemessen, nachdem das Aerosol abgekühlt war. Das Ergebnis der Messungen zum Konzentrationseinfluss ist in Abbildung 4.7 dargestellt.

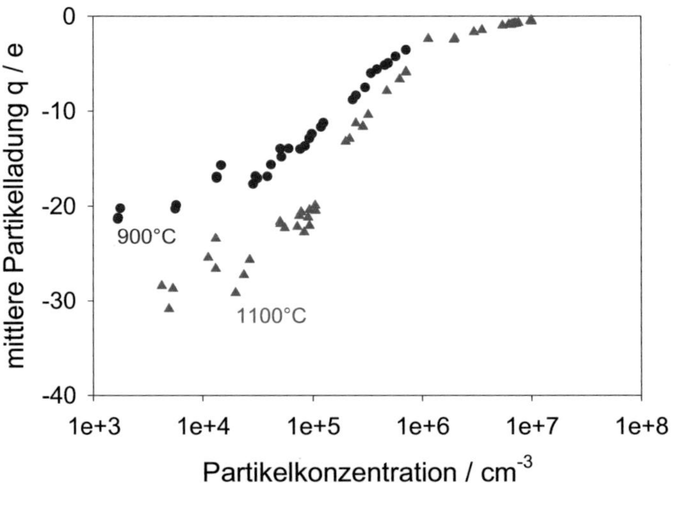

Abb. 4.7.: Einfluss der Partikelkonzentration von Platinpartikeln in Stickstoffatmosphäre auf die mittlere Ladung bei Ofentemperaturen von 900°C und 1100°C.

Bei Ofentemperaturen von 900°C und 1100°C dominiert trotz der hohen Austrittsarbeit des Rohrmaterials von 5,0 eV die Aufladung durch Kollision mit negativen Gasionen (unipolare Diffusionsaufladung), was an der negativen mittleren Partikelladung ablesbar ist. Mit steigender Konzentration nimmt der Betrag der mittleren Partikelladung ab, um sich asymptotisch an Null anzunähern. Bei einer Ofentemperatur von 1100°C wird ein Spitzenwert von -30 Elementarladungen bei einer Partikelkonzentration von $5 \cdot 10^3 \mathrm{cm}^{-3}$ erreicht, während die Partikeln bei einer Partikelkonzentration von $10^7 \mathrm{cm}^{-3}$ keine mittlere Ladung mehr tragen. Infolge der höheren Partikelkonzentration ist der Überschuss an negativen Gasionen pro Partikel kleiner, da die Elektronenquelle, welche die negativen Ladungsträger zur Diffussionsaufladung liefert, nämlich die Rohroberfläche unverändert bleibt, damit also in erster Näherung auch die Konzentration an negativen Ionen. Nicht zu vergessen ist hierbei die thermische Elektronenemission aus den Partikeln, die prinzipiell zu einer Verschiebung der mittleren Partikelladung in Richtung positiver Polarität führt.

Da die Diffusionsaufladung mit höherer Partikelkonzentration aus den oben genannten Gründen „geschwächt“ wird, verschiebt sich das Verhältnis von unipolar negativer Diffusionsaufladung und thermischer Emission von Elektronen aus der Partikeloberfläche zugunsten der thermischen Emission. Dennoch führt die fortwährende thermisch induzierte Emission von Elektronen von der Partikeloberfläche nicht zu einer positiven mittleren Ladung, weil bei den dazu notwendigen hohen Partikelkonzentrationen aufgrund der kleineren Abstände die Rekombination von aufgrund thermischer Elektronenemission im Mittel positiv geladenen Partikeln und negativen Ionen der dominierende Effekt zu sein scheint.

Es ist davon auszugehen, dass die Diffusionsaufladung vorallem während der Abkühlung des Aerosols überwiegt, da dann sowohl geladene Partikeln als auch Gasionen vorliegen, die bei höheren Temperaturen gebildet wurden. Die Wahrscheinlichkeit, dass Gasionen und Partikeln miteinander in Berührung kommen, ist daher hoch. In diesem Bereich niedrigerer Temperaturen ist weder mit weiterer thermischer Emission aus der Partikeloberfläche, noch aus der Rohrwand zu rechnen, das heißt, dass die Partikeln einerseits nicht stärker positiv aufgeladen werden und andererseits keine zusätzlichen negativen Ionen für die Diffusionsaufladung mehr gebildet werden.

4.2.3. Partikelgrößeneinfluss auf die mittlere Partikelladung

Die Abhängigkeit der mittleren Partikelladung von der Partikelgröße wurde ebenfalls mit dem in Abbildung 4.1 dargestellten Aufbau untersucht. Sowohl die Diffusionsaufladung, als auch die thermische Elektronenemission führen in der Theorie zu einer linearen Abhängigkeit zwischen der mittleren Ladung und der Größe der Partikeln. Die Feldaufladung hingegen bewirkt quadratisch mit der Partikelgröße zunehmende mittlere Partikelladungen. Da alle in diesem Abschnitt beschriebenen Versuche ohne ein zusätzliches elektrisches Feld durchgeführt wurden, kann ein Feldaufladungsprozess ausgeschlossen werden. Im Ofen treten zwar elektrische Spannungen auf, die dadurch bedingten elektrischen Feldstärken reichen aber nicht aus um eine Feldaufladung zu bewirken. Abbildung 4.8 zeigt die mittlere Partikelladung von Titandioxidpartikeln als Funktion der Partikelgröße für zwei verschiedene Ofentemperaturen von 900°C und 1000°C.

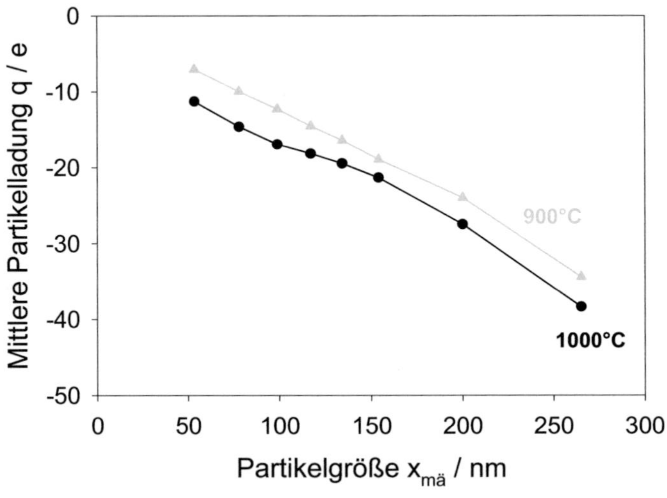

Abb. 4.8.: Einfluss der Partikelgröße von Titandioxidpartikeln auf die mittlere Ladung bei Ofentemperaturen von 900°C sowie 1000°C

In beiden Fällen ist die mittlere Partikelladung negativ und nimmt betragsmäßig in guter Näherung linear mit der Partikelgröße zu. Kleinere Abweichungen von einer perfekten Gerade sind durch den oben bereits gezeigten Einfluss der Partikelkonzentration bedingt. Obwohl die Partikelkonzentration nicht für alle Partikelgrößen gleich ist, und kleinere Schwankungen nicht zu vermeiden sind, ist die lineare Abhängigkeit der mittleren Partikelladung von der Partikelgröße ganz zweifelsfrei festzuhalten. Die Partikelkonzentration betrug bei einer Ofentemperatur von 900°C zwischen 900 und 1700 cm^{-3} bzw. bei 1000°C zwischen 700 und 3200 cm^{-3}. Bei einer Ofentemperatur von 1000°C wurden mittlere Partikelladungen zwischen -12 Elementarladungen für Partikeln mit einem mobilitätsäquivalenten Durchmesser von 50 nm und -38 Elementarladungen (270 nm mobilitätsäquivalenter Durchmesser) gemessen.

4.3. Messungen der mittleren Partikelladung nach Ofenpassage und äußerer Beeinflussung durch ein variables elektrisches Feld

Eine Möglichkeit das System aus Aerosolpartikeln, Trägergas und freien Ladungsträgern zu beeinflussen besteht darin, ein elektrisches Feld wirken zu lassen. Der Versuchsaufbau ist in Abb. 4.9 dargestellt. Um sowohl die (in Kapitel 2.7 beschriebene) Rekombination von Partikeln und Ionen als auch die unipolare Diffusionsaufladung (vgl. Kapitel 2.3.1) so weit als möglich zu verhindern, wurden die Ionen abgezogen durch ein schwaches elektrisches Feld. Auf geladene Teilchen (Partikeln und Ionen) wirkt in einem elektrischen Feld eine Kraft. Dies führt dazu, dass sich die geladenen Teilchen entsprechend ihrer elektrischen Mobilität bewegen. Prinzipiell ist die elektrische Mobilität (vgl. Gl. 2.39) proportional zur Ladung und antiproportional zur Größe der Teilchen, Ionen bewegen sich im elektrischen Feld also sehr viel schneller als Partikeln. Daher ist es möglich, die Ionen abzuscheiden während die Partikeln nicht abgeschieden werden und im Trägergasstrom verbleiben. Um den Ladungszustand der Partikeln bei möglichst hoher Temperatur messen zu können (der Ladungszustand der Partikeln hängt stark von der Temperatur ab), war die Elektrodenzone, mit Hilfe derer ein weiterer Einfluss der Ionen verhindert werden sollte, so nah wie möglich oberhalb des Ofens angebracht. Eine noch geringere Entfernung zwischen den Elektroden und dem Ofen hätte möglicherweise zu Überschlägen und der Beschädigung des Ofens geführt.

Die Elektrodenzone bestand aus zwei konzentrischen Elektroden. Die Außenelektrode war aus hochtemperaturfestem Stahl und ausserhalb des aerosolführenden Rohres angebracht. Ihr Innendurchmesser betrug 90 mm. An der Außenelektrode wurde eine si-

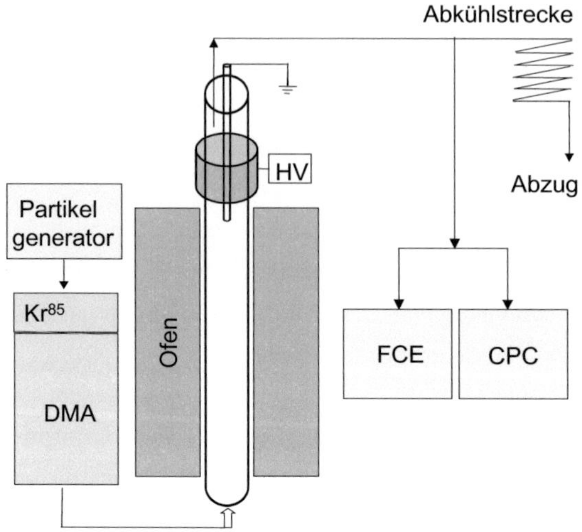

Abb. 4.9.: Versuchsaufbau zur Bestimmung der mittleren Partikelladung nach „einfrieren" durch den Abzug freier Ladungsträger

nusförmige Wechselspannung einer Frequenz von 50 Hz aufgeprägt. Die Innenelektrode war geerdet. Sie bestand aus einem Platindraht von 1 mm Durchmesser, der von einer Hülse aus yttriumstabilisierten Zirkondioxid mit einem Außendurchmesser von 6 mm umgeben war, um zu verhindern, dass von der Innenelektrode emittierte Elektronen die Ladung der Partikeln beeinflussen. Yttriumstabilisiertes Zirkonoxid wirkt bei hohen Temperaturen als Sauerstoffionenleiter. Die genaue Leitfähigkeit ist nicht bekannt, weshalb nicht geklärt werden konnte, inwieweit der Platindraht bzw. die Zirkonoxidhülse als Elektrode wirkten. Daher wird im folgenden nicht die Stärke des elektrischen Feldes, sondern der Effektivwert der Wechselspannung als Bezugsgröße bzw. Koordinatenachse dienen.

4.3.1. Partikelgrößeneinfluss: Feld- oder Diffusionsaufladung

Um die Hypothese bezüglich des Aufladmechanismus zu validieren, wurde die Abhängigkeit der mittleren Partikelladung von der Partikelgröße untersucht, wenn oberhalb des Ofens ein elektrisches Feld anlag. Um entscheiden zu können, ob Feldaufladung oder die in der Aufladehypothese postulierte Diffusionsaufladung für die Kollisionen zwischen Partikeln und negativen Gasionen verantwortlich sind, wurde die Abhängigkeit der Partikelladung von der Partikelgröße untersucht. Die sich bei Feldaufladungsprozessen ergebende mittlere Partikelladung ist proportional zur Partikeloberfläche, skaliert also mit der Partikelgröße zum Quadrat, während die mittlere Partikelladung bei einem Diffusionsaufladungsprozess linear mit der Partikelgröße zunimmt.

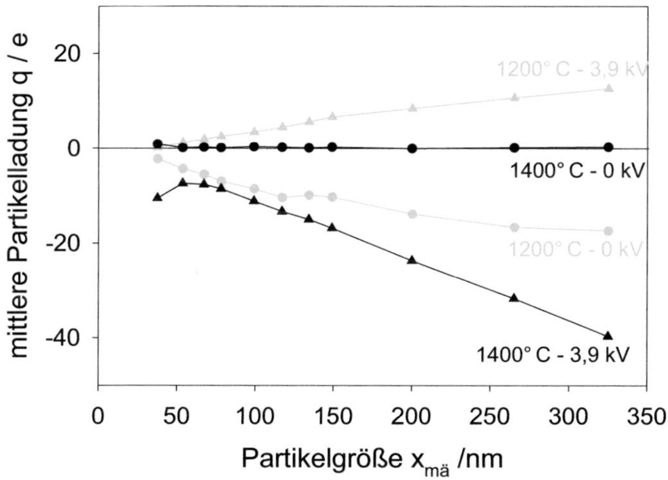

Abb. 4.10.: Mittlere Partikelladung von Ceroxid als Funktion der Partikelgröße für 1200°C (in grau) und 1400°C (in schwarz) Ofentemperatur

Die Ergebnisse der Messung sind in Abbildung 4.10 dargestellt. Sie zeigen die Abhängigkeit der mittleren Partikelladung von der Partikelgröße für Ceroxidpartikeln bei Ofentemperaturen von 1200°C und 1400°C für eine effektive Absaugspannung von 3,9 kV (dreieckige Symbole). Zum Vergleich sind die mittleren Partikelladungen im feldfreien Fall als runde Datenpunkte eingezeichnet. Als Ergebnis bleibt festzuhalten, dass die mittlere Partikelladung bei 1400°C Ofentemperatur im spannungsfreien Fall für quasi alle Partikelgrößen Null ist. Wenn bei dieser Ofentemperatur (1400°C) eine Absaugspannung angelegt wurde, ergaben sich im Mittel negativ geladene Partikeln. Der Betrag der mittleren Partikelladung skaliert dann linear mit der Partikelgröße, die Abweichungen für 54 und 38 nm sind durch die niedrigeren Partikelanzahlkonzentrationen von unter 1000 bzw. 500 cm^{-3} zu erklären. Die Aufladung erfolgt, wie in der Hypothese angenommen, durch Diffusion. Im Falle von Feldaufladung skalierte die mittlere Partikelladung quadratisch mit der Partikelgröße, also proportional zur Partikeloberfläche. Die Feldaufladung spielt folglich allenfalls eine vernachlässigbare Rolle.

Die Verschiebung der mittleren Ladung zur negativen Polarität durch das Anlegen eines elektrischen Feldes nach der Zone der höchsten Temperatur von 1400°C ist in Übereinstimmung mit der Aufladehypothese. Die im feldfreien Fall neutrale mittlere Partikelladung ist durch die im Modell angenommene bipolare Atmosphäre zu erklären. Die schwach positive mittlere Ladung auf den kleinsten Partikeln (mobilitätsäquivalenter Durchmesser 38 nm) ist wohl dadurch zu erklären, dass die Partikeln am Ofeneingang aufgrund der Klassierung (mindestens) eine positive Ladung trugen, die nicht vollständig durch die bipolare Diffusionsaufladung ausgeglichen werden konnte.

Bei einer Ofentemperatur von 1200°C nimmt der Betrag der mittleren Partikelladung, unabhängig davon, ob ein Feld anliegt, näherungsweise linear mit der Partikelgröße zu. Das Anlegen des elektrischen Feldes bewirkt eine Verschiebung der mittleren Partikelladung von der negativen zur positiven Polarität. Auch dieses Ergebnis ist in Einklang mit der Aufladehypothese: im feldfreien Fall dominiert die unipolare Diffusionsaufladung mit negativen Gasionen den Partikelladungszustand, es resultieren negative mittlere Partikelladungen. Liegt dagegen ein elektrisches Feld an, wird der Ladungszustand der Partikeln ab der Stelle des Feldes „eingefroren“ , da alle freien Ladungsträger (negative Gasionen und Elektronen) an die umgebenden Wände abgeschieden werden und infolge dessen nicht mehr zur weiteren negativen Diffusionsaufladung zur Verfügung stehen. Da Ceroxid eine niedrige Austrittsarbeit aufweist, dominiert in diesem Fall bis zur Elektrodenzone, wo die Ionen abgefangen werden, die thermische Elektronenemission, welche zu positiven mittleren Partikelladungen führt. Die mittlere Partikelladung (vgl. Abb. 4.10, oberste Kurve) für die thermische Elektronenemission skaliert in Übereinstimmung mit der theoretischen Vorhersage linear mit der Partikelgröße.

4.3.2. Einfluss der Stärke des elektrischen Feldes

Niedrigere Ofentemperaturen: keine Gasionisation

In Abbildung 4.11 ist für Ofentemperaturen von 600°C und 900°C die mittlere Partikelladung von **Ceroxid** ($x_{mä}$= 150 nm) als Funktion des Effektivwertes der anliegenden Spannung aufgetragen.

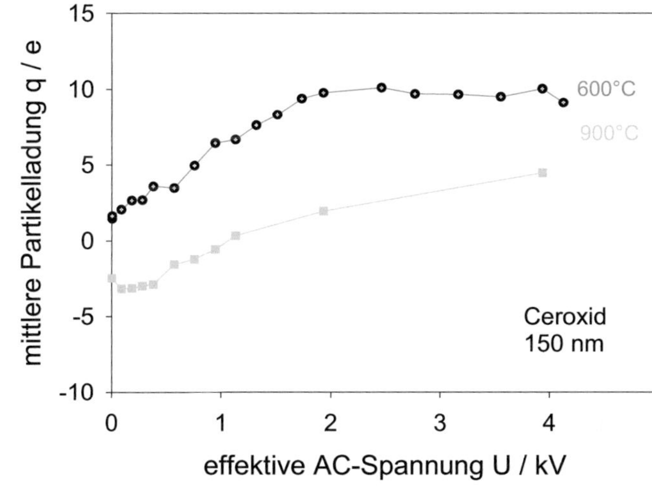

Abb. 4.11.: Mittlere Partikelladung von Ceroxidpartikeln ($x_{mä}$ 150 nm) als Funktion der Absaugspannung für Ofentemperaturen von 600°C und 900°C

In Übereinstimmung mit der Aufladehypothese wird die mittlere Partikelladung in diesem Temperaturbereich mit steigender Absaugspannung positiver. Bei einer Ofentemperatur von 600°C ist die mittlere Partikelladung für alle anliegenden Spannungen positiv. Die mittlere Partikelladung steigt zunächst mit zunehmender Absaugspannung an, um ab etwa 2 kV bei rund 10 Elementarladungen konstant zu bleiben. Ceroxid mit seiner niedrigen Austrittsarbeit ist bereits bei dieser niedrigen Temperatur in der Lage Elektronen zu emittieren, während die Emission aus der Rohrwand und die dadurch bedingte Diffusionsaufladung mit negativen Gasionen noch vernachlässigbar ist. Mit steigender Absaugspannung wird daher die Wiederanlagerung bereits emittierter Elektronen bzw. daraus gebildeter negativer Gasionen immer weiter erschwert, bis schließlich durch die anliegende Spannung (über 2 kV) alle freien Ladungsträger an die Systemwand abgeschieden werden, und keine Rekombination von Partikeln und daraus emittierten Ladungsträgern mehr stattfindet.

Bei einer Ofentemperatur von 900°C ist die mittlere Partikelladung ohne elektrisches Feld negativ. Für Spannungen zwischen 0 und 0,5 kV wird die mittlere Partikelladung zunächst negativer, was wohl durch eine verstärkte Relativbewegung zwischen Partikeln und Gasionen zu erklären ist. Spannungen von mehr als 0,5 kV bewirken hingegen (wie bei der niedrigeren Ofentemperatur von 600°C) eine Verschiebung der mittleren Partikelladung zu positiveren Werten hin. Bei einer Spannung von etwas mehr als 1 kV sind die Partikeln im Mittel neutral. Eine weitere Erhöhung der anliegenden Spannung führt zu immer positiveren Partikeln. Bei einer Spannung mit einem Effektivwert von 3,9 kV tragen die Partikeln im Mittel etwa + 5 Elementarladungen.

Zusätzlich zur Elektronenemission aus den Partikeln kommt es zur Diffusionsaufladung. Im feldfreien Fall dominiert diese den Ladungszustand der Partikeln nach der Abkühlung, weil die bei höheren Temperaturen gebildeten negativen Ionen auch bei niedrigeren Temperaturen an die Partikeln angelagert werden, wenn die thermische Elektronenemission nicht (mehr) von Bedeutung ist. Liegt ein elektrisches Wechselfeld an, werden die freien Ladungsträger abgeschieden, wodurch ihr Einfluss auf die Partikelladung nach Abkühlung geringer wird; zum einen wird die Rekombination zwischen emittierten Elektronen und Partikeln erschwert, zum anderen stehen weniger negative Ionen, die ursprünglich aus der Rohrwand kamen, für die Diffusionsaufladung zur Verfügung. Beide Effekte bewirken positivere Partikeln.

Auch für **Titandioxid** wurde der Einfluss der anliegenden Spannung auf die mittlere Partikelladung untersucht. Die Ergebnisse für Ofentemperaturen von 800°C und 900°C sind in Abbildung 4.12 dargestellt.

Für beide Ofentemperaturen sind die Partikeln negativ geladen, wenn keine Spannung in der Elektrodenzone anliegt, weil die Aufladung über Diffusion mit negativen Ionen die Elektronenemission aus den Partikeln überwiegt. Wie bei den Ceroxidpartikeln bei 900°C bewirken Spannungen von weniger als 0,5 kV, dass die Partikeln stärker negativ aufgeladen werden. Dieser Effekt ist bei 900°C stärker ausgeprägt als bei 800°C, wo er

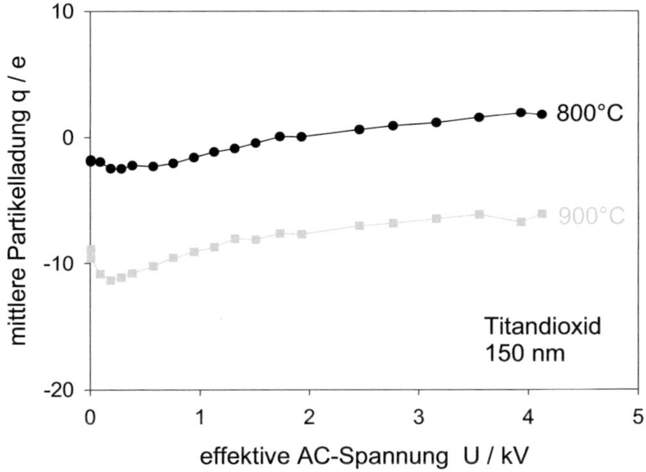

Abb. 4.12.: Mittlere Partikelladung von Titandioxidpartikeln ($x_{mä}$= 150 nm) als Funktion der Absaugspannung für 800°C (in schwarz) und 900°C (in grau) Ofentemperatur

sich nur andeutet. Der Grund liegt wohl darin, dass die negativen Gasionen mit der anliegenden Frequenz von 50 Hz um die Partikeln, welche den Feldoszillationen nicht folgen, schwingen. Für größere Spannungen verschiebt sich die mittlere Partikelladung für beide Ofentemperaturen in positive Richtung. Bei 800°C Ofentemperatur wird eine positive mittlere Partikelladung erreicht, wenn die freien Ladungsträger in der Elektrodenzone mit einer Spannung von mehr als 2,5 kV abgesaugt werden, wodurch weitere Zusammenstöße zwischen Partikeln und negativen Gasionen stark eingeschränkt werden. Bei 900°C verschiebt sich die mittlere Partikelladung zwar in analoger Weise, allerdings überwiegt die Diffusionsaufladung mit den negativen Ionen vor der Elektrodenzone so stark, dass die mittlere Partikelladung für alle untersuchten Spannungen negativ bleibt.

Die Untersuchungen an **Platin** für Ofentemperaturen zwischen 800°C und 1000°C zeigen prinzipiell das für Titandioxid diskutierte Verhalten. Aufgrund der hohen Austrittsarbeit der Platinpartikeln überwiegt die Diffusionsaufladung der Partikeln deren thermische Emission von Elektronen stärker als bei Titandioxid. Daher sind die 100 nm-

Partikeln für alle drei dargestellten Ofentemperaturen und alle untersuchten Spannungen negativ geladen.

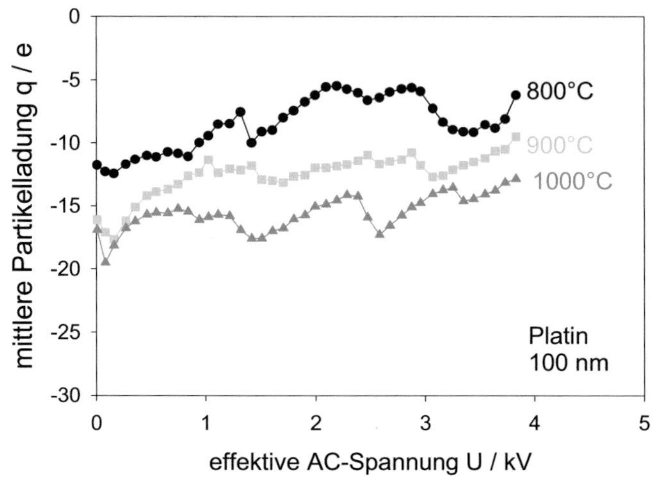

Abb. 4.13.: Mittlere Partikelladung von Platin ($x_{mä}$= 100 nm) als Funktion der Absaugspannung für 800°C, 900°C und 1000°C Ofentemperatur

Die mittlere Partikelladung wird dabei mit steigender Ofentemperatur stärker negativ. Auch hier wirken sich Spannungen von weniger als 0,5 kV dergestalt aus, dass die Partikeln stärker negativ geladen werden. Für Spannungen von mehr als 0,5 kV ist die bereits bei Ceroxid und Titandioxid beobachtete Verschiebung in Richtung der positiveren Polarität feststellbar. Hierbei fällt allerdings auf, dass die mittlere Partikelladung nicht kontinuierlich weniger negativ wird, wenn die anliegende Spannung steigt, sondern oszilliert.[2]

Die Versuchsergebnisse in diesem Kapitel sind alle in Übereinstimmung mit der beschriebenen Aufladungshypothese. Es finden sich Belege für die von der Austrittsarbeit abhängige thermische Elektronenemission aus den Partikeln, wie beispielsweise die

[2]Über den Grund für die Oszillation kann nur spekuliert werden, allerdings sollte an dieser Stelle angemerkt werden, dass die Partikelkonzentration konstant war.

positive mittlere Partikelladung im Falle von Ceroxidpartikeln bei einer Ofentemperatur von 600°C. Für die unipolare (negative) Diffusionsaufladung finden sich bei allen untersuchten Materialien Belege. Die Verschiebung der mittleren Partikelladung in positive Richtung durch das Anlegen eines elektrischen Feldes nach der heißesten Zone des Ofens, deutet darauf hin, dass freie negative Ionen im Aerosolstrom mittransportiert werden. Kühlt das Aerosol bis zur Messstelle einfach ab, ohne durch ein elektrisches Feld beeinflusst zu werden, besteht die Gelegenheit für Zusammenstöße zwischen diesen freien negativen Ionen und den Partikeln, wodurch letztere negativer aufgeladen werden. Durch ein elektrisches Feld zwischen dem Ofen und der Messtelle wird die Zeit, die für diese Zusammenstöße bleibt, verkürzt bzw. ab der Elektrodenzone wird die Konzentration an freien negativen Gasionen verkleinert, wodurch die Zusammenstöße unwahrscheinlicher werden.

Höhere Ofentemperaturen: Gasionisation

Die Versuche aus dem vorangegangen Kapitel wurden auch bei höheren Ofentemperaturen durchgeführt, wo der Einfluss der Gasionisation spürbar wurde. Der Übersichtlichkeit halber sind die Ergebnisse zum Einfluss der Gasionisation in diesem Kapitel zusammengefasst. Abbildung 4.14 zeigt den Einfluss der Absaugspannung auf die mittlere Partikelladung von **Ceroxid** bei einer Ofentemperatur von 1400°C.

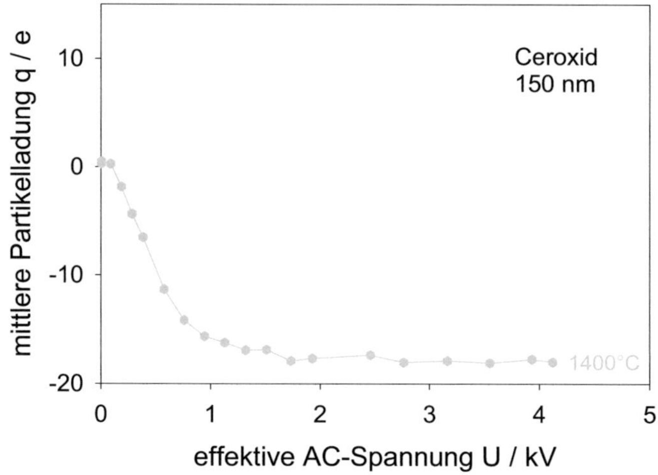

Abb. 4.14.: Einfluss des Effektivwertes der Wechselspannung auf die mittlere Ladung von Ceroxidpartikeln ($x_{mä}$ = 150 nm) für eine Ofentemperaturen von 1400°C

Für den Fall, dass keine Spannung in der Elektrodenzone angelegt wird, sind die Partikeln im Mittel ungeladen. Das Gas wird so stark ionisiert, dass der Einfluss der negativen Ionen, die aus der thermischen Elektronenemission aus den Systemwänden stammen, nicht mehr zu erkennen ist, und der Ladungszustand der Partikeln durch eine zeitversetzte bipolare Diffusionsaufladung bestimmt wird. Es ist davon auszugehen, dass die Partikelladung Boltzmann-verteilt ist (vgl. Kapitel 4.4). Eine Absaugspannung wirkt sich, wie in der Aufladehypothese angenommen, dahingehend aus, dass sich eine negative mittlere Partikelladung ergibt. Bis zu einer Spannung von 0,75 kV steigt der Betrag der mittleren Partikelladung stark und näherungsweise linear mit der Spannung an, um dann bei -17 Elementarladungen konstant zu bleiben. Durch die steigende Absaugspannung werden die noch freien positiven Gasionen zunehmend entfernt, bis schließlich alle abgeschieden werden. Wahrscheinlich ist das Aerosol bei Eintritt in die Elektrodenzone bereits -17 fach geladen.

Die Ergebnisse für **Titandioxid** (Abb. 4.15) stimmen im wesentlichen mit denen für Ceroxid überein. Dargestellt sind die mittleren Partikelladungen bei Ofentemperaturen von 1300°C und 1400°C.

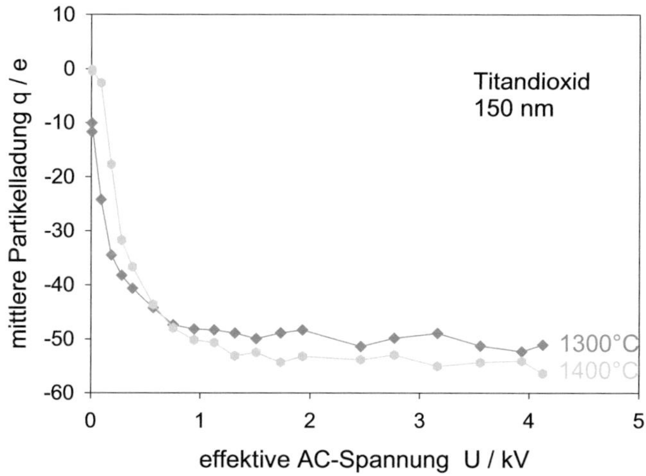

Abb. 4.15.: Einfluss des Effektivwertes der Wechselspannung auf die mittlere Ladung von Titandioxidpartikeln ($x_{mä}$ = 150 nm) für Ofentemperaturen von 1300°C und 1400°C

Entsprechend der Aufladehypothese sind die Partikeln für beide Ofentemperaturen im Mittel negativ aufgeladen, wenn sie in die Elektrodenzone eintreten. Die negative Ladung im spannungsfreien Fall nimmt auf dem weiteren Weg zur Messstelle durch die Kombination der geladenen Partikeln mit den bis dahin nicht verlorengegangenen positiven Gasionen ab. Je nachdem in welcher Konzentration positive Gasionen zur Verfügung stehen, fällt diese Abnahme mehr oder weniger ins Gewicht. Im Falle der höheren Ofentemperatur und damit höchsten Konzentrationen an positiven Ionen, kann die Kombination von positiven Ionen und negativen Partikeln dazu führen, dass im Mittel keine negativen Partikelladungen mehr übrig bleiben. Dies ist bei 1400°C Ofentemperatur der Fall. Beträgt die Ofentemperatur 1300°C tragen die Partikeln hingegen auch im spannungsfreien Fall im Mittel -10 Elementarladungen, weil die Gasionisation dann nicht genug positive Gasionen liefert, um den Überschuss an freien negativen Ionen völlig auszugleichen.

Wenn durch das Anlegen eines elektrischen Feldes die positiven Ionen zunehmend aus dem System entfernt werden, bevor sie Gelegenheit hatten, durch Anlagerung an negativ geladenene Partikeln zur Entladung (Verschiebung der mittleren Partikelladung in positive Richtung) beizutragen, „steigt" die nach Abkühlung resultierende mittlere negative Partikelladung.

Die „eingefrorene" mittlere Partikelladung bei einer Ofentemperatur von 1400°C ist dabei etwas stärker negativ als bei einer Ofentemperatur von 1300°C. Eine mögliche Erklärung hierfür liegt darin, dass bei der höheren Temperatur mehr freie Elektronen beziehungsweise negative Ionen sowohl aus der Gasionisation als auch infolge der thermischen Elektronenemission aus der Rohrwand zur negativen Aufladung der Partikeln zur Verfügung stehen.

Die Ergebnisse, der mit **Platin** als Partikelmaterial durchgeführten Messungen, sind in Abbildung 4.16 dargestellt.

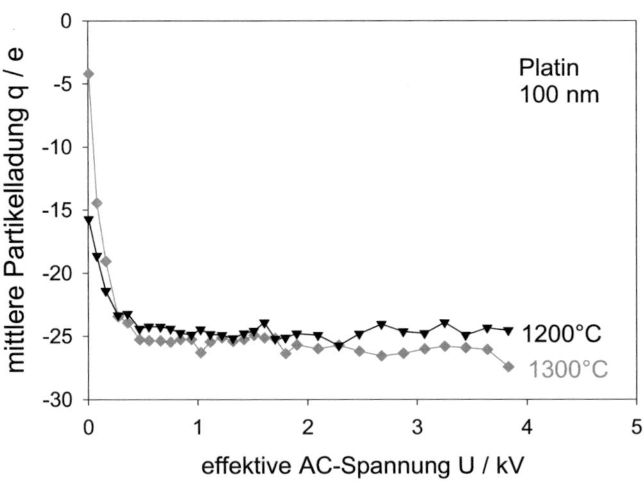

Abb. 4.16.: Einfluss des Effektivwertes der Wechselspannung auf die mittlere Ladung von Platinpartikeln (x = 100 nm) für Ofentemperaturen oberhalb von 1200°C

Für die hier dargestellten Versuche bei Ofentemperaturen von 1200°C und 1300°C ist die gleiche Tendenz zu sehen, wie für Ceroxid- und Titandioxidpartikeln. Durch das Anlegen eines elektrischen Wechselfeldes in der Elektrodenzone beeinflusst, wird die mittlere Partikelladung negativer. Wie schon bei Titandioxid beobachtet, ändert sich die mittlere Partikelladung bei der höheren Ofentemperatur stärker als bei der um 100°C niedrigeren Ofentemperatur, wenn durch das Absaugen der Gasionen die Kombination zwischen negativen Partikeln und positiven Gasionen unterdrückt wird. So steigt die negative mittlere Partikelladung für eine Ofentemperatur von 1200°C von 15,7 auf etwa 25 Elementarladungen an, sobald eine Spannung von mehr als 0,2 kV angelegt wird. Für eine Ofentemperatur von 1300°C wird mit etwa 26 negativen Elementarladungen zwar kein wesentlich höherer Ladungszustand erreicht, im spannungsfreien Fall ist die mittlere Ladung mit etwa -4,2 Elementarladungen aber deutlich geringer, was einem größeren Einfluss der umgebenden positiven Gasionen geschuldet ist.

Der quantitative Vergleich der mittleren Ladungswerte von Ceroxid, Titandioxid und Platin ist aus mehreren Gründen schwierig. Während es sich bei Platin um völlig versinterte und daher kompakte, sphärische Partikeln (vgl. Abb. 4.3) handelt, sind die Titandioxidpartikeln (vgl. Abb. A.1 im Anhang) auch bei Ofentemperaturen von 1300°C noch nicht völlig versintert, sondern liegen als Agglomerate vor. Die Ceroxidpartikeln (vgl. Abb. 4.4) hingegen sind kompakt aber nicht versintert. Ausserdem unterscheiden sich die untersuchten Partikelgrößen und Partikelanzahlkonzentrationen. Nichtsdestotrotz zeigt sich unabhängig vom Partikelmaterial in Luft für Ofentemperaturen ab 1200°C das gleiche Verhalten, welches nur mit dem Vorhandensein von positiven Gasionen erklärt werden kann.

Die Versuchsergebnisse bei Ofentemperaturen oberhalb von 1200°C lassen sich folgendermaßen zusammenfassen:

- Die Abhängigkeit der mittleren Partikelladung von der Partikelgröße ist linear (vgl. Abbildung 4.10). Daher kann ausgeschlossen werden, dass die Aufladung der Partikeln durch die Feldaufladung dominiert wird.
- Da es sich nicht um einen Feldaufladungsprozess handelt, ist bei der ausschließlichen Betrachtung eines Systems Rohr samt Elektronenemission und Partikeln samt Elektronenemission, nicht damit zu rechnen, dass durch das Anlegen einer Span-

nung, also die Absaugung von freien Ladungsträgern, die mittlere Partikelladung zu negativeren Werten hin verschoben wird.

- Daher bleibt als Erklärung der negativeren Werte keine zusätzliche negative Aufladung, sondern eher eine verhinderte positive Aufladung. Das Anlegen eines Feldes verschiebt zwar das Gleichgewicht zwischen geladenen Partikeln und umgebender Ionenatmosphäre, allerdings in die „falsche“ Richtung: Die thermische Emission von Elektronen würde durch ein anliegendes äusseres elektrisches Feld eher begünstigt als geschwächt (Ladung wäre positiver). Die „scheinbare Aufladung“ (Ladung wird negativer) ist eher eine verhinderte Entladung. In dem vereinfacht betrachteten System [Rohr] + [daraus emittierte Elektronen] sowie [Partikeln] + [daraus emittierte Elektronen] steht nichts zur Verfügung, was eine Entladung der Partikeln, also einen Kontakt dieser Partikeln mit positiven Ladungsträgern bewirken könnte, wenn man von möglicherweise von der Rohroberfläche abdampfenden positiven Alkalimetallionen[3] absieht.

- Folglich muss es mindestens eine weitere Komponente geben, durch die das Verhalten des Gesamtsystems beeinflusst wird. In den bisher betrachteten Fällen ist das Trägergas immer Luft. Als weiterer Faktor kommt also nur die thermische Ionisierung der Luft in Betracht. Durch die Dissoziation (Emission von Elektronen) eines Teils der Luftmoleküle entstehen positive (Molekülrümpfe) und negative (Gasmoleküle, an die Elektronen angelagert werden) Ionen. Die positiven Ionen sind mit großer Wahrscheinlichkeit weniger mobil als die negativen Ionen und um Größenordnungen weniger mobil als wahrscheinlich vorhandene freie Elektronen.

4.4. Messungen der Ladungsverteilung

Die mittlere Partikelladung erlaubt keine Aussage darüber, wie sich die Ladung auf die Partikeln verteilt. So kann nur darüber spekuliert werden, ob die einzelnen Partikeln bei einer mittleren Partikelladung von 0 tatsächlich ungeladen sind, oder ob vielmehr gleich große Fraktionen an beispielsweise einfach positiv und negativ geladenen Partikeln vorhanden sind. Um also einen detaillierteren Einblick in den Ladungszustand der Partikeln

[3]Die Austrittsarbeiten der positiven Ionen liegen um mehrere Elektronenvolt höher als die Elektronenaustrittsarbeiten. Daher ist nicht mit einem signifikanten Einfluss von aus der Rohroberfläche abdampfenden positiven Ionen zu rechnen.

zu gewinnen, wurden Messungen zur Ladungsverteilung der Partikeln durchgeführt. Dazu wurde das Aerosol zunächst durch eine radioaktive Quelle (Kr^{85}) in einen bekannten Ladungszustand überführt und danach in einem ersten DMA nach der elektrischen Mobilität klassiert, vgl. Abbildung 4.17.

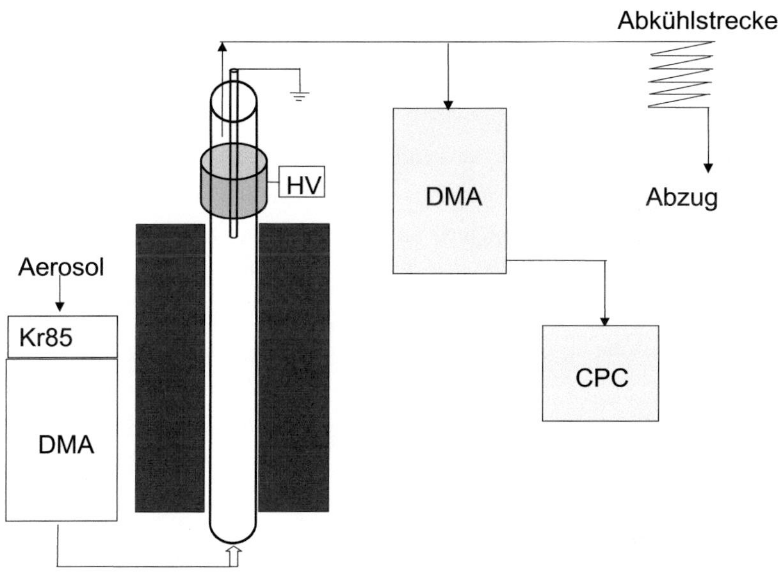

Abb. 4.17.: Aufbau zur Messung der Ladungsverteilung größenklassierter Partikeln

Dadurch resultierten im wesentlichen Partikeln einer bekannten Größe, die jeweils einfach geladen waren.[4] Das derartig präparierte Aerosol bekannter Größe wurde durch den Ofen geschickt. Im Anschluss, konnte in der Elektrodenzone ein elektrisches Wechselfeld angelegt werden, um die freien Ladungsträger abzuziehen. Nach der Abkühlung wurde mit einer Kombination aus DMA und CPC eine Mobilitätsverteilung des Aerosols bestimmt. Da die Größe der Partikeln bekannt war, konnte aus der Mobilitätsverteilung

[4] Die kleineren Anteile größerer Partikeln, die aufgrund mehrfacher Ladungen die gleiche Mobilität aufwiesen und daher ebenfalls klassiert wurden, werden für die folgenden Betrachtungen vernachlässigt.

auf die Ladungsverteilung zurückgeschlossen werden. Um beide Polaritäten erfassen zu können, musste sowohl mit positiver als auch negativer Hochspannung an der Mittelelektrode des DMA gearbeitet werden.

600°C Ofentemperatur Abbildung 4.18 zeigt die Ergebnisse der Mobilitätsverteilungsmessung von Ceroxidpartikeln eines mobiliätsäquivalenten Durchmessers von 150 nm. Die Ofentemperatur betrug 600°C. Dabei sind die Resultate für den Fall, dass keine Spannung in der Elektrodenzone angelegt wurde im oberen Abbildungsteil dargestellt. Der untere Abbildungsteil zeigt die Mobilitätsverteilung bei einer Absaugspannung von 4 kV. Aufgetragen ist der Anteil der Partikeln einer Mobilitätsklasse und Polarität zur Gesamtheit aller Partikeln. Die untere x-Achse entspricht der elektrischen Mobilität. Die Mobilitäten werden dabei von links nach rechts größer. Die obere x-Achse zeigt die Anzahl an Elementarladungen, die eine Partikel trägt. Wie die Mobilitätswerte nimmt auch die Anzahl an Elementarladungen von links nach rechts zu. Abbildung 4.18 (a) zeigt deutlich, dass der überwiegende Anteil aller Ceroxidpartikeln nach der Ofenpassage einfach positiv geladen ist. Dabei ist allerdings zu berücksichtigen, dass die Partikeln aufgrund der elektrostatischen Klassierung bereits beim Eintritt in den Ofen einfach positiv geladen waren. Ein deutlich geringerer Teil der Partikeln ist zweifach positiv geladen. Negativ geladene Partikeln sind nicht zu finden. Die beobachtete Ladungsverteilung stimmt im Rahmen der Messgenauigkeit gut mit der mittleren Partikelladung von +1,5 Elementarladungen (vgl. Abb. 4.6) überein.

Es ist davon auszugehen, dass die Ceroxidpartikeln bei der Ofentemperatur von 600°C Elektronen emittieren und sich infolge dessen stärker positiv aufladen. Allerdings rekombinieren die Partikeln und die von ihnen emittierten Elektronen/negativen Gasionen im unbeeinflussten (da spannungsfreien) System fast vollständig, so dass die Partikeln wieder zu dem Ladungszustand zurückkehren, den sie beim Eintritt in den Ofen innehatten. Wird diese Rekombination eingeschränkt, weil die Elektronen/negativen Gasionen zumindest teilweise im elektrischen Feld abgeschieden werden (vgl. Abbildungsteil (b) von Abbildung 4.18), sind die Partikeln deutlich stärker positiv geladen. Es finden sich kaum lediglich einfach positiv geladene Partikeln; vielmehr sind die meisten Partikeln sechsfach positiv geladen. Ein signifikanter Anteil der Partikeln trägt sogar zehn und mehr positive Elementarladungen. Negative Partikeln werden nicht detektiert. Die

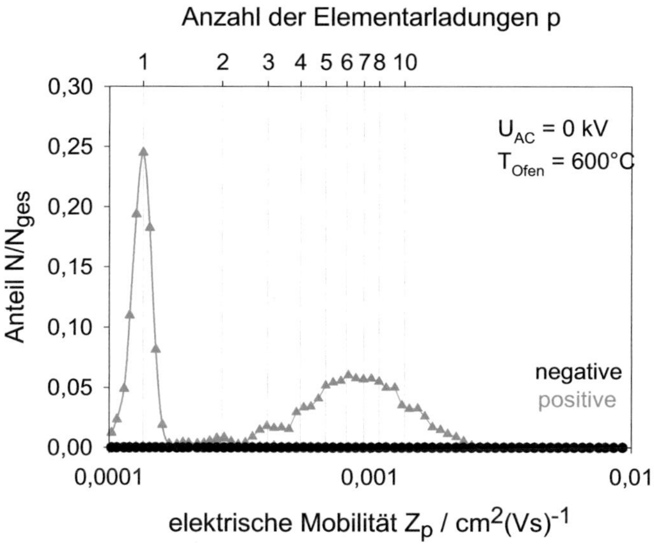

(a) Mobilitätsverteilung ohne Feld

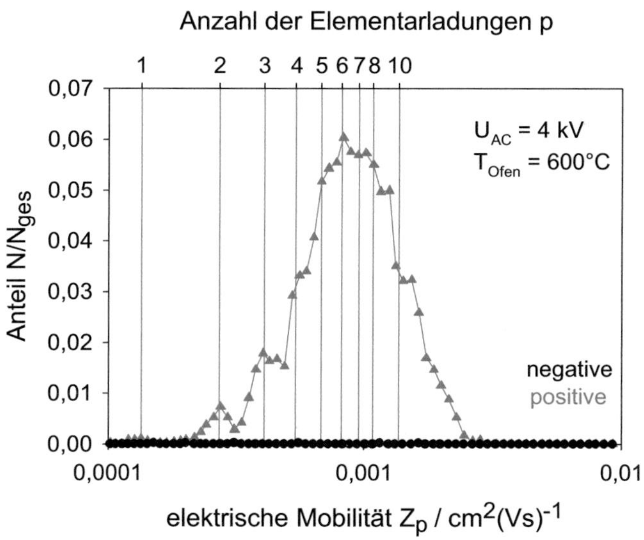

(b) Mobiliätsverteilung mit maximaler Feldstärke

Abb. 4.18.: Mobilitätsverteilungen für eine Ofentemperatur von 600°C, Ceroxidpartikeln in Luft ($x_{mä}$ = 150 nm)

Ladungsverteilung korrespondiert zur mittleren Ladung von + 10 Elementarladungen (vgl. 4.11) bei der maximalen Absaugspannung.

900°C Ofentemperatur Die Mobilitätsverteilung von Ceroxidpartikeln eines mobilitätsäquivalenten Durchmessers von 150 nm nach der Ofenpassage bei einer Temperatur von 900°C wurde für den spannungsfreien Fall, für die maximale Absaugspannung von 4 kV und bei der Spannung, bei welcher die mittlere Partikelladung gleich Null ist, aufgenommen. Im spannungsfreien Fall dominiert die Diffusionsaufladung den Partikelladungszustand nach der Abkühlung. Die Partikeln sind mehrheitlich negativ geladen. Die Verteilung zeigt Modalwerte bei Mobilitäten die zwei, drei und vier negativen Elementarladungen entsprechen. Es sind auch positive Partikeln zu beobachten. Diese sind hauptsächlich einfach bzw. doppelt geladen. Drei- und vierfach positiv geladene Partikeln kommmen auch vor. Die Ladungsverteilung ist in guter Übereinstimmung mit der Messung der mittleren Partikelladung. Im Falle der maximalen Absaugspannung (vgl. Abbildung 4.19(b)) werden die freien Ladungsträger in der Elektrodenzone so wirkungsvoll entfernt, dass sich die Verhältnisse in etwa umkehren. Die Partikeln sind nun überwiegend positiv geladen, weil sie in der heißen Zone des Ofens Elektronen emittiert haben. Der Beitrag von Rekombination und Diffusionsaufladung mit negativen Gasionen zur Aufladung wird deutlich verkleinert, weshalb die meisten Partikeln nicht mehr zur negativen Polarität umgeladen werden. Die positiv geladenen Partikeln tragen zumeist eine Elementarladung; zweifach und dreifach geladene werden auch detektiert. Die Betrachtung der negativen Partikeln zeigt drei Moden bei Mobilitäten die doppelt, drei- und vierfach geladenen Partikeln entsprechen. Höhere Ladungszustände sind auch in signifikanter Weise vertreten, so dass sich eine mittlere Ladung von etwa + 5 Elementarladungen ergibt (vgl. Abbildung 4.11).

Abbildung 4.20 zeigt die Mobilitätsverteilung bei einer Absaugspannung von 1,1 kV. Bei dieser Spannung ändert sich das Vorzeichen der mittleren Partikelladung von - nach +, im Mittel sind die Partikeln also neutral. Die Ladungsverteilung zeigt, dass die einzelnen Partikeln (obwohl das Kollektiv keine Nettoladung aufweist) durchaus geladen sind. Auf Seiten der negativen Polarität finden sich etwa gleich viele einfach, doppelt, drei-, vier- und fünffach geladene Partikeln. Diese negative Ladung wird auf der

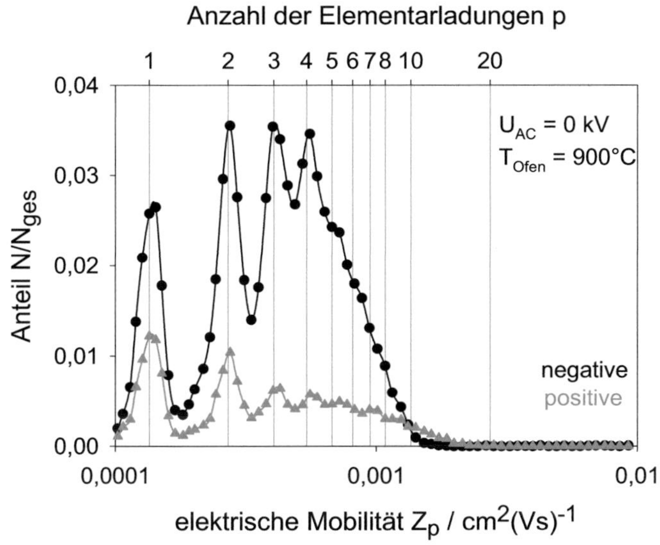

(a) Mobilitätsverteilung ohne Feld

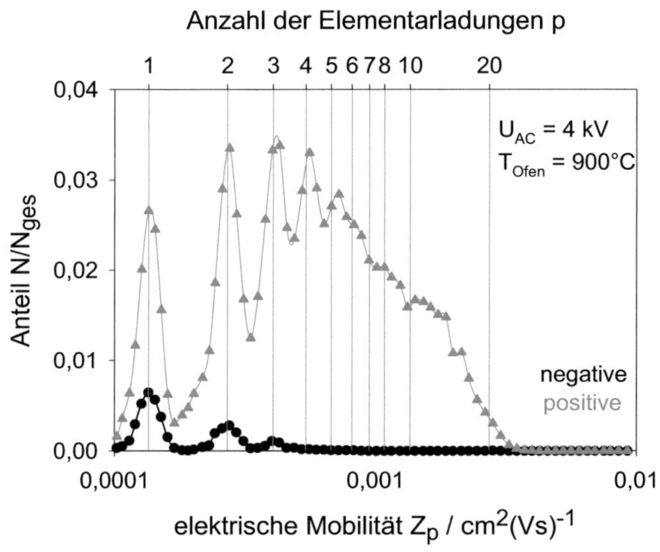

(b) Mobiliätsverteilung mit maximaler Feldstärke

Abb. 4.19.: Mobilitätsverteilungen für eine Ofentemperatur von 900°C, Ceroxidpartikeln in Luft ($x_{mä}$ = 150 nm)

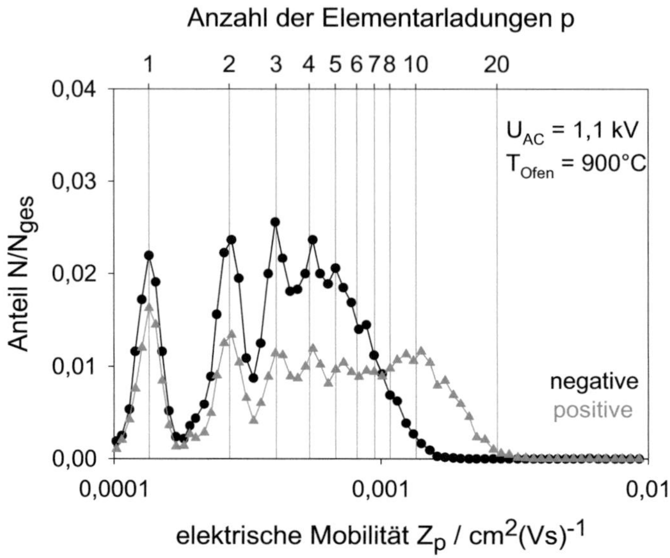

Abb. 4.20.: Mobilitätsverteilungen für eine Ofentemperatur von 900°C, Ceroxidpartikeln in Luft ($x_{mä}$ = 150 nm). Bei der Absaugspannung von 1,1 kV war die mittlere Partikelladung gleich Null.

positiven Seite durch Partikeln, die bis zu zehn Elementarladungen tragen, ausgeglichen. Es wird also deutlich, dass einerseits auf die Partikeln mithife elektrischer Felder eingewirkt werden kann. Andererseits wird die Wirkung entsprechend den unterschiedlichen Ladungsbeträgen unterschiedlich stark sein.

1400°C Ofentemperatur Bei einer Ofentemperatur von 1400°C sind die Ceroxidpartikeln nach Abkühlung im Mittel neutral (vgl. Abb. 4.14).

Gemäß der Aufladehypothese resultiert diese Neutralität aus einer Boltzmannladungsverteilung infolge eines bipolaren Diffusionsaufladeprozesses. Die Ladungsträger resultieren bei dieser Ofentemperatur aus der thermischen Ionisierung des Trägergases (in diesem Falle Luft). Die Ionisierung des Gases bedingt das Vorhandensein von freien Elektronen und positiven Gasionen.

Tatsächlich zeigt Abbildung 4.21 (a) einfach, zweifach und dreifach geladene Partikeln beider Polaritäten.

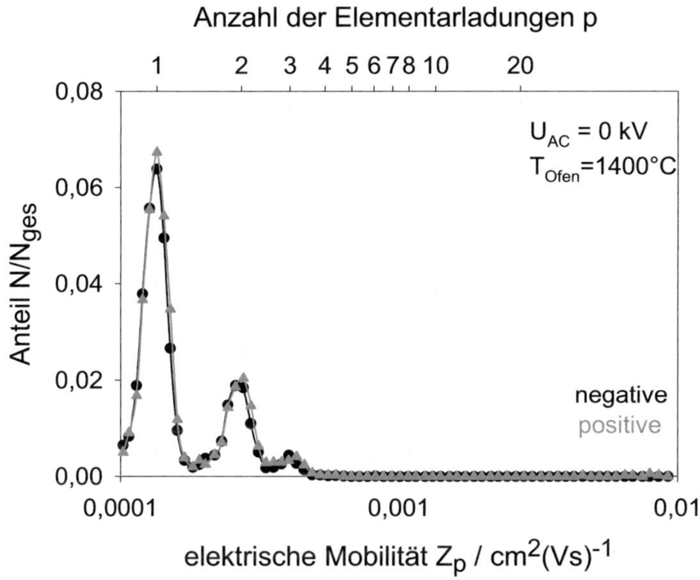

(a) Mobilitätsverteilung ohne Feld

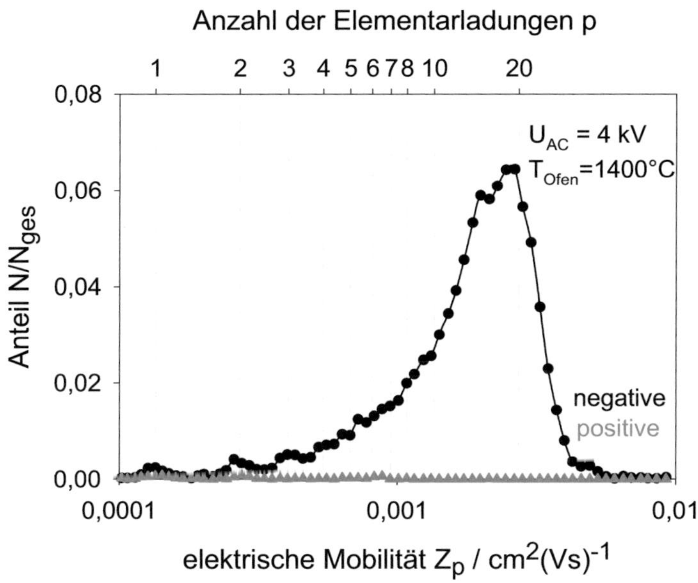

(b) Mobiliätsverteilung mit Feld

Abb. 4.21.: Mobilitätsverteilungen für eine Ofentemperatur von 1400°C, Ceroxidpartikeln in Luft (x = 149 nm)

Die Anteile beider Polartitäten sind gleich groß und das Verhältnis der Ladungszahlen entspricht für die Partikelgröße von 150 nm dem einer Boltzmannverteilung. Im Modell wird ein „zeitversetzter“Aufladevorgang postuliert. Die negative Aufladung mit den freien Elektronen verläuft aufgrund der hohen Mobilität der Elektronen schneller als die Aufladung mit den positiven Gasionen, so dass zunächst eine negative Nettoladung resultiert. Wird der langsamerere Aufladungsschritt mit den positiven Gasionen unterbunden, indem die positiven Gasionen im elektrischen Feld abgeschieden werden, bleibt eine negative Nettoladung bestehen. Genau dieses Ergebnis zeigt die Abbildung 4.21 (b). Das Gros der Partikeln trägt zwischen 10 und 20 negativen Elementarladungen. Positiv geladenen Partikeln wurden nicht gefunden.

Des weiteren zeigen die Ergebnisse der Ladungsverteilungsmessung klar, dass die mittlere Partikelladung immer nur einen Teil der Wahrheit wieder gibt. Es wird vielmehr deutlich, dass sich die Partikeln unter dem Einfluss eines elektrischen Feldes nicht alle gleich (wie es die Verwendung einer mittleren Ladung suggeriert), sondern alle entsprechend ihrer jeweiligen Ladung (die wie gezeigt durchaus unterschiedlich sein kann) verhalten werden. Wenn das Ziel eines solchen Aufladungsprozesses die Ausnutzung der Ladung der Partikeln ist, um die Partikeln beispielsweise abzuscheiden, so muss dies berücksichtigt werden.

4.5. Untersuchungen zum Einfluss des Trägergases

4.5.1. Vorbemerkungen zum theoretischen Trägergaseinfluss

Das Trägergas wirkt sich gleich in zweifacher Hinsicht auf die Partikelaufladungs- respektive Abscheideprozesse aus: Einerseits beeinflusst die Gasatmosphäre die Transportvorgänge der Ladungsträger hauptsächlich über die Größe der gebildeten Ionencluster. Das entscheidende Kriterium hierbei ist die Elektronenaffinität des Gases. Die höchsten Elektronenaffinitätswerte finden sich bei Sauerstoff und den Halogenen, während die Edelgase und Stickstoff aufgrund Ihrer Elektronenstrukur das kleinste Bestreben zeigen, zusätzliche Elektronen anzulagern. (In geringerem Maße bestimmen die Gaseigenschaften mittlere freie Weglänge und Viskosität auch den Partikeltransport.) Andererseits kommt für sehr hohe Temperaturen auch das Gas selbst als Elektronenquelle und in gleichem Maße als Quelle positiver Ionen in Betracht. Quantifiziert wird diese Eigenschaft durch die Ionisierungsenergie. Die Ionisierungsenergien einiger typischer

Trägergase bzw. Luftbestandteile sind in Tabelle 4.1 dargestellt. Während sich die Ioni-

Tab. 4.1.: Ionisierungsenergien einiger typischer Gase [aus [Kap55]]

Gas	Ionisierungsenergie / eV
NO	9,5 bzw. 9,25[1]
O_2	12, 5
H_2O	13, 2
CO_2	14, 3
Ar	15, 7
N_2	15, 8
He	24, 5

[1]nach [MTL59]

sierungsenergien der üblicherweise als Trägergase verwendeten Gase (Stickstoff, Argon und Luft) nicht signifikant unterscheiden, fällt Helium mit einer Ionisierungsenergie von 24,5 eV aus dem Rahmen. Falls es aufgrund der hohen Ofentemperaturen zu einer teilweisen Ionisierung des Gases kommen sollte, ist dieser Effekt im Falle von Helium voraussichtlich am wenigsten stark ausgeprägt.

4.5.2. Messung der Nettoladung partikelfreier Trägergase

Versuchsaufbau

Die direkte Messung der im Ofen tatsächlich vorliegenden Ionenkonzentrationen war nicht möglich. Auch gestaltete es sich schwierig, die Ionenkonzentration bis zu einer Messung bei Raumtemperatur zu erhalten, da freie Ladungsträger bei der Abkühlung sehr schnell an kälteren Wänden abgeschieden werden und somit der Nachweis im Gasstrom nicht mehr möglich ist. Es war daher notwendig, eine Messmethodik zu entwickeln, die es ermöglichte, den Verlust an freien Ladungsträgern bis zum Messgerät so gering wie möglich zu halten. Zur Bestimmung der Ionenkonzentration wurde die Verweilzeit zwischen der Entstehung der Ionen und ihrer Messung deshalb so kurz wie möglich gehalten. Eine geeignete Methode hierfür stellte die spontane Expansion des

Gases über eine kritische Düse in der heißesten Zone im Rohr (etwa in der Ofenmitte) dar, siehe Abbildung 4.22.

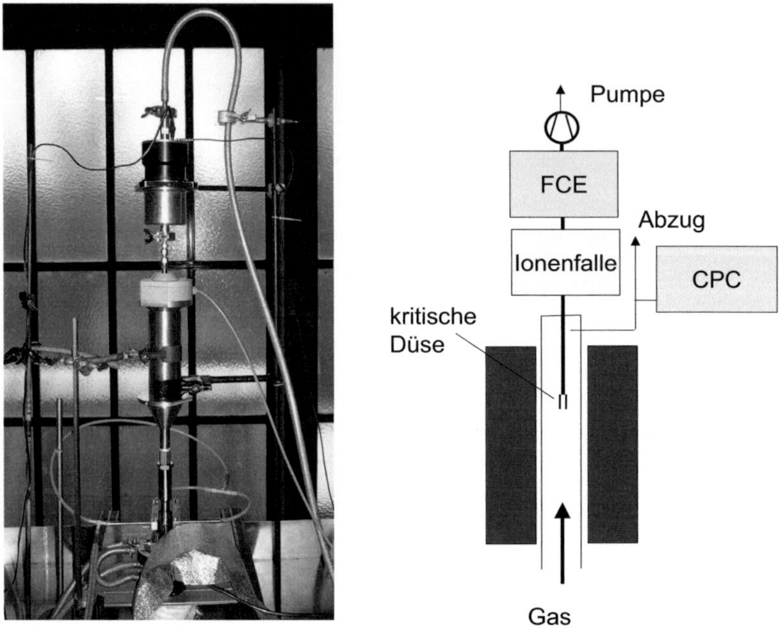

(a) Fotographie (b) Schematische Darstellung des Aufbaus

Abb. 4.22.: Versuchsaufbau zur Bestimmung der Gasnettoladung

Durch die Expansion des Gasstromes durch eine kritische Düse wurde die Verweilzeit der Ionen so weit wie möglich minimiert (Druck 28 mbar, Verweilzeit $< 0{,}24$s). Trotz dieser drastisch verkürzten Verweilzeit lassen sich Verluste der sehr mobilen Ionen weder vermeiden noch vorhersagen. Diesen Einschränkungen zum Trotz lieferte der Einsatz einer kritischen Düse zumindest qualitative Informationen. Die Ionen wurden außerhalb des Ofens in einem Faraday Cup Elektrometer (FCE) detektiert, eine dazwischen schaltbare Ionenfalle erlaubte eine Überprüfung des Nullwertes des FCE. Der Volumenstrom durch das FCE wurde nach der Entspannung des Trägergases in der Pumpe

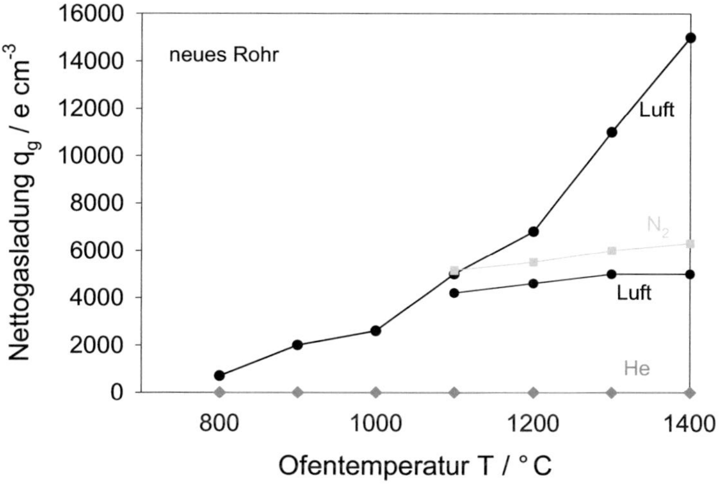

Abb. 4.23.: Im FCE gemessene Nettogasladung der partikelfreien Trägergase: Luft, Stickstoff und Helium in unbeladenem Rohr

bei Atmosphärendruck gemessen. Durch einen Bypass konnte die Partikelanzahlkonzentration bei Atmosphärendruck im Kondensationskernzähler (CPC) überprüft werden.

Ergebnisse der Untersuchungen zur Nettogasladung

Das Ergebnis der oben beschriebenen Messungen war nicht die Ionenanzahlkonzentration, sondern die Nettogasladung, da nur der Nettoladungsfluss gemessen wurde. Es konnte nicht unterschieden werden, ob eine negative Nettoladung ausschließlich aus negativen Ionen, oder aus einem Überschuss an negativen Ionen im Vergleich zu ebenfalls vorhandenen, positiven Ionen resultierte.

Die im FCE gemessenen Nettogasladungen als Funktion der Ofentemperatur sind in den Abbildungen 4.23 und 4.24 dargestellt. In Abbildung 4.23 sind Nettogasladungen von Luft, Stickstoff und Helium dargestellt, die in einem neuen, ausgeheizten Rohr mit einer neuen Absaugsonde gemessen wurden. Abbildung 4.24 dagegen zeigt Nettogasladungen von Luft, Stickstoff, Kohlenstoffdioxid und Argon, die gemessen wurden nachdem sowohl das aersolführende Rohr als auch die Absaugsonde mit Partikelmaterial beaufschlagt worden waren. Der Vergleich der beiden für Luft dargestellten Messkur-

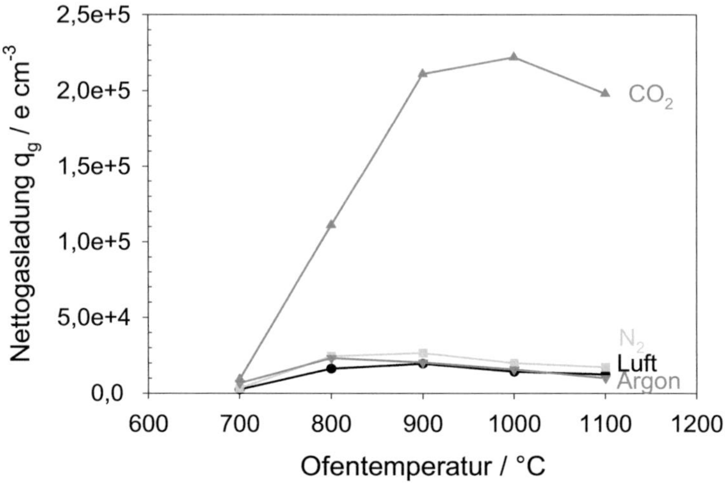

Abb. 4.24.: Im FCE gemessene Nettogasladung der partikelfreien Trägergase: Luft, Stickstoff, Argon und Kohlenstoffdioxid in beladenem Rohr

ven in Abbildung 4.23 verdeutlicht die Schwierigkeiten reproduzierbare Daten zu erhalten. Die Messungen weisen eine starke Streuung zwischen einzelnen Versuchsläufen bei gleichen äußeren Bedingungen auf. Die Erklärung für die großen Unterschiede in den gemessenen Nettogasladungungen liegt möglicherweise in Oberflächenladungen auf dem Sondenrohr, wodurch unterschiedliche Verluste an Gasionen bedingt worden sein könnten.

Trotz der genannten Schwierigkeiten können einige Erkenntnisse aus den dargestellen Messdaten gewonnen werden:

- Die Trägergase Stickstoff, Luft, Kohlenstoffdioxid und Argon erreichen den FCE mit einer positiven Nettogasladung. Dies widerspricht zunächst den Erwartungen, da die Untersuchungen zum Ladungszustand der Partikeln in Luft als Trägergas (vgl. Kapitel 4.2) einen Überschuss an negativen Ladungsträgern erwarten ließen. Aus einer genauen Analyse aller dargestellten Ergebnisse ergibt sich folgende Erklärung: Die Trägergase werden entweder bedingt durch die hohe Temperatur, oder durch Stöße mit freien negativen Ladungsträgern teilweise ionisiert. Dabei entstehen durch Elektronenemission positive Gasionen (Reste der neutralen Gasmoleküle) und negative Gasionen (durch Anlagerung von freien Elektronen an neutrale Gasmoleküle) bzw. freie Elektronen. Die negativen Gasionen bzw. freien Elektronen zeichnen sich durch eine deutlich höhere Mobilität als die positiven Gasionen aus, weshalb sie leichter an die Systemwände verloren gehen. Die positiveren Gasionen werden weniger stark von Verlusten betroffen sein, weshalb sie zumindest teilweise am Messgerät ankommen, wodurch der Eindruck einer positiven Nettogasladung entsteht. Desweiteren ist zumindest für den Fall, dass weder Arbeitsrohr noch Absaugsonde mit Partikeln beladen waren (vgl. 4.23) eine Zunahme der gemessenen positiven Nettoladung mit zunehmender Temperatur zu erkennen. Dazu paßt die Vorstellung, dass eine thermisch induzierte Ionisation sich mit steigender Temperatur stärker bemerkbar macht. Die Zunahme der Nettogasladung als Indikator für die Gasionisation scheint entsprechend der Theorie (vgl. Kapitel 2.5) exponentiell mit der Temperatur zu sein. Für den Fall, dass sowohl das Arbeitsrohr als auch die Absaugsonde bereits mit Partikelmaterial in Berührung gekommen waren (vgl. Abbildung 4.24) steigt die Nettogasladung für Luft, Stickstoff und Argon bis 800°C mit zunehmender Temperatur an, für Kohlenstoffdioxid bis 900°C. Für höhere Temperaturen wird die gemessene Nettogasladung weniger positiv. Eine Erklärung hierfür könnten Partikeln im Gasstrom sein, die im CPC entweder nicht detektiert werden, weil sie feiner als dessen untere Messgrenze sind, oder weil sie aus der Absaugsonde stammen und damit nicht im Bypassgasstrom zu finden sind. Für noch höhere Temperaturen (im Diagramm nicht dargestellt) wird eine negative Nettogasladung gemessen, allerdings werden dann auch Partikeln im CPC detektiert. Die Partikeln im Gasstrom fungieren als Träger der negativen Ladung. Die negativen Gasionen und freien Elektronen lagern sich, wenn Partikeln im Gasstrom vorhanden sind, an diese an, statt an die Systemwände verloren zu gehen bzw. in der Ionenfalle abgeschieden zu werden. Die positiven Gasionen, die noch keine Gelegenheit hatten sich an die Partikeln anzulagern, werden teilweise an die Systemwände verloren gehen bzw. in der Ionenfalle abgeschieden werden. Die Partikeln, und die an ihnen haftenden Ladungen werden in der Ionenfalle nicht abgeschieden, die Ladungen also gleichsam vor Verlusten geschützt. Daher kommen im Verhältnis mehr negative Ladungen beim FCE an, wenn Partikeln im Trägergas als „Carrier “zur Verfügung stehen.

- Im direkten Vergleich von Stickstoff und Luft (die beiden mittleren Kurven von 1100°C bis 1400°C in Abbildung 4.23) resultiert für Stickstoff am Messgerät immer die höhere Nettogasladung. Dieses Verhalten ist wahrscheinlich damit zu erklären, dass Luft zwar zu 80% aus Stickstoff, aber außerdem zu einem erheblichen Anteil aus einer stark elektronegativen Komponente (Sauerstoff) besteht. Die aufgrund der thermischen Gasionisation frei werdenen Elektronen, werden sich im Fall von Luft an die elektronegativen Gasbestandteile anlagern und damit deutlich weniger mobil sein, als wenn sie ungebundene Elektronen blieben. Die Verluste an den negativen Gasionen werden geringer ausfallen als die an freien Elektronen. Es ist nicht zu erwarten, dass letztere es bis zum Messgerät „schaffen“, während negative Gasionen hierfür eine vergleichsweise höhere Wahrscheinlichkeit aufweisen.

  Die Ionisierungsenergien der anderen Luftbestandteile wie O_2 und CO_2 sind niedriger als die Ionisierungsenergie von Stickstoff. Folglich müßten diese Gasbestandteile in stärkerem Maße ionisiert sein, was zu einer höheren Konzentration an positiven Gasionen und Elektronen führte. Da ein quasi völliger Verlust der Elektronen auf dem Weg zum Messgerät postuliert wird, führte eine stärke Ionisation zu einer höheren Konzentration an freien Ladungsträgern und damit zu einem größern Unterschied in den Verlusten von negativen und positiven Ladungsträgern auf dem Weg zum Messgerät und schließlich zu einer höheren scheinbaren Nettogasladung.

- Kohlenstoffdioxid scheint entsprechend seiner niedrigeren Ionisierungsenergie deutlich stärker zu ionisieren als Luft, Stickstoff und Argon.

- Argon wird ähnlich wie Luft und Stickstoff ionisiert.

- Die Betrachtung der Messdaten für Helium zeigt ein völlig anderes Verhalten. Unabhängig von der herrschenden Ofentemperatur ist keine Nettogasladung detektierbar. Daraus läßt sich, unter Berücksichtigung der außerordentlich hohen Ionisierungsenergie des Heliums folgender Schluss ziehen: Helium wird nicht ionisiert. Wird Helium als Trägergas eingesetzt, so ist daher sein Einfluss auf den Ladungszustand der Partikeln auf sein Transportverhalten bezüglich andernorts produzierter freier Ladungsträger und der Partikeln beschränkt.

Die gemessenen positiven Nettogasladungen sind also auf eine Ionisierung des Trägergases und polaritätsabhängige Verluste zurückzuführen, nicht etwa auf das Abdampfen von positiven Ladungsträgern aus dem Arbeitsrohr bzw. der Absaugsonde. Der entscheidene Faktor ist augenscheinlich die Ionisierungsenergie (vgl. Verhalten von Argon und Helium) und nicht, ob es sich um eine Edelgas handelt oder nicht (was eher die Transporteigenschaften beeinflusst).

4.6. Alternative Bestimmung der mittleren Partikelladung mittels Hochtemperatur-Expansionsdüse

Der in Abschnitt 4.5.2 beschriebene Versuchsaufbau, insbesondere sein Herzstück die Hochtemperatur-Expansionsdüse, eignet sich auch als alternative Methode zur Bestimmung der mittleren Partikelladung. Um zwischen den Ladungsbeiträgen der Partikeln und der freien Gasionen unterscheiden zu können, wurden die Messungen mit eingeschalteter Ionenfalle betrieben. Dadurch wurde der Ladungzustand, den die Partikeln beim Eintritt in die Ionenfalle innehatten, „eingefroren“. Die Ergebnisse einer solchen Messung sind in Abbildung 4.25 dargestellt.

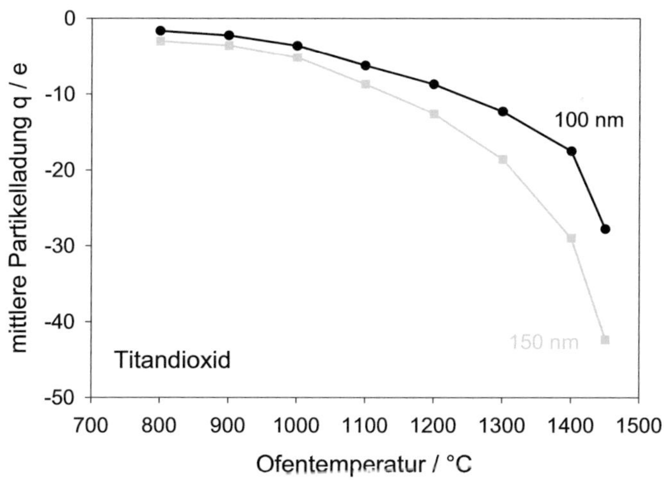

Abb. 4.25.: Mittels Hochtemperatursonde gemessene mittlere Partikelladungen von Titandioxidpartikeln zweier mobilitätsäquivalenter Durchmesser (100 nm und 150 nm) als Funktion der Ofentemperatur.

In Übereinstimmung mit den Messungen der mittleren Partikelladung nach der Ofenpassage ohne Beeinflussung durch elektrische Felder (Abschnitt 4.2.1) sind die Partikeln negativ geladen. Die größeren Partikeln (150 nm) sind dabei stärker negativ geladen als die kleineren Partikeln (100 nm). Im Gegensatz zur unbeeinflussten Partikelladung[5] sind die Partikeln nach der Absaugung mit der Hochtemperatur-Expansionssonde und dem Ionenabzug in der Ionenfalle mit steigender Temperatur aber stärker negativ geladen. Ein analoges Verhalten (bei höherer Ofentemperatur stärker negativ geladene Partikeln) wurde bereits bei den Messungen der mittleren Partikelladung nach dem Ofendurchgang beobachtet, wenn die freien Ladungsträger im elektrischen Feld abgesaugt worden waren (vgl. Abbildung 4.15).

Die mit steigender Temperatur zunehmende negative Partikelladung fügt sich folgendermaßen in die Aufladungshypothese ein. Prinzipiell steigt mit steigender Temperatur die Konzentration an freien Ladungsträgern beider Polaritäten im System an, ebenso wie die Fähigkeit der Partikeln zur thermischen Elektronenemission. Im Bereich niedrigerer Temperaturen, wenn die Gasionisation keine Rolle spielt, sind die mittleren Partikelladungen bei der Hochtemperatur-Expansionsdüsen-Methode weniger negativ als nach der unbeeinflussten Ofenpassage, weil Kollisionen zwischen Partikeln und negativen Gasionen aufgrund des geringeren Druckes unwahrscheinlicher sind. Möglicherweise ist die Temperatur der Partikeln auch höher, sodass sie eher in der Lage sind, Elektronen zu emittieren, was ihre mittlere Partikelladung in Richtung positiv beeinflusste. Bei den höheren Temperaturen, werden die Partikelladungen (nach der unbeeinflussten Ofenpassage und einer gewissen Verweilzeit) durch Kollisionen mit positiven Gasionen aus der Gasionisation mit zunehmender Temperatur weniger negativ. Bei der Hochtemperatur-Expansionssonde reicht die Zeit bis zur Ionenfalle, wo alle freien Ladungsträger aus dem System entfernt werden, nicht aus, um die bereits erreichten negativen Partikelladungen durch Kollisionen mit den positiven Gasionen auszugleichen.

[5] Die unbeeinflusste Partikelladung wird bis zu einer Tempertur von 1100°C mit steigender Temperatur stärker negativ, danach kommt es zu einer zunehmenden Neutralisierung der Partikelladung aufgrund der bipolaren Diffusionsaufladung infolge der Gasionisation (vgl. Abbildung 4.6).

5. Einfluss des Trägergases auf die Partikelaufladung

5.1. Messungen an Pt in CO_2 - Vergleichbarkeit mit Luft

In den bisher beschriebenen Versuchen zum Einfluss eines elektrischen Feldes auf die mittlere Partikelladung (in Kapitel 4.3.2) wurde ausschließlich Luft als Trägergas benutzt. Um die Übertragbarkeit der Ergebnisse auf andere Trägergase sicherzustellen, wurde stellvertretend mit Kohlenstoffdioxid als Trägergas gearbeitet. CO_2 hat eine Ionisierungsenergie, die zwischen O_2 und N_2 liegt. Der Versuchsaufbau entspricht dem in Abbildung 4.9 dargestellten.

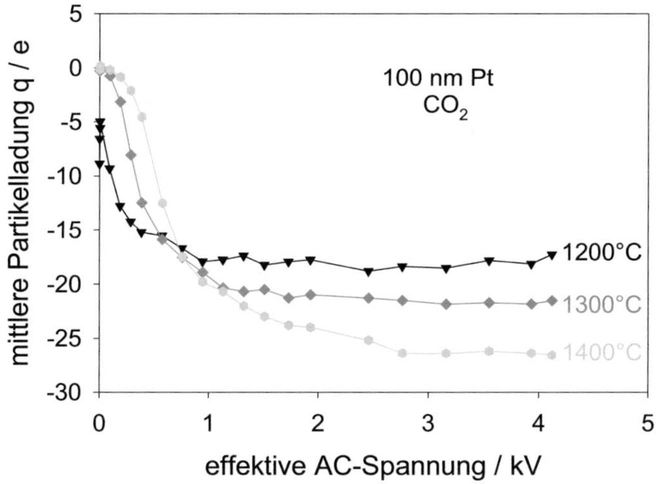

Abb. 5.1.: Einfluss des Effektivwertes der Wechselspannung auf die mittlere Ladung von Platinpartikeln ($x_{mä} = 100$ nm) in einer Kohlenstoffdioxidatmosphäre bei Ofentemperaturen von 1200°C, 1300°C und 1400°C.

Abbildung 5.1 zeigt den Einfluss der anliegenden Spannung auf die mittlere Ladung von Platinpartikeln eines mobilitätsäquivalenten Durchmessers von 100 nm in einer Kohlenstoffdioxidatmosphäre für Temperaturen von 1200°C, 1300°C und 1400°C. Bei einer Ofentemperatur von 1200°C sind die Partikeln nach der unbeeinflussten Ofenpassage noch etwa 5 fach negativ geladen. Werden die freien Ladungsträger im elektrischen Feld entfernt, beträgt die mittlere Partikelladung -18 Elementarladungen. Bei den höheren Ofentemperaturen (1300°C und 1400°C) ist die Gasionisierung so stark, dass die Partikeln im Mittel neutral sind, wenn kein elektrisches Feld anliegt. Werden die freien Ladungsträger in der Elektrodenzone abgezogen bleiben die Partikeln mit -21 Elementarladungen bei 1300°C und -26 Elementarladungen bei 1400°C zurück. Die betragsmäßig höhere mittlere Ladung bei 1400°C resultiert aus der stärkeren Gasionisation. Es wird eine höhere Konzentration an freien Elektronen und positiven Gasionen gebildet, als bei den niedrigeren Temperaturen. Die hochmobilen freien Elektronen haben die Partikeln über Diffusion schon vor der Elektrodenzone erreicht, während die positiven Gasionen dafür mehr Zeit benötigen. Diese Zeit steht ihnen im spannungsfreien Fall zur Verfügung, weshalb die mittlere Partikelladung dann gleich Null wird. Wenn in der Elektrodenzone durch ein elektrisches Feld die positiven Gasionen abgezogen werden, reicht die Zeit nicht aus, um die bereits erreichte negative mittlere Ladung auszugleichen.

Reines Kohlenstoffdioxid verhält sich somit vergleichbar mit Luft. In beiden Trägergasen wird nach dem Ofendurchgang bei Ofentemperaturen oberhalb von 1300°C eine ausgeglichene mittlere Partikelladung detektiert, weil infolge der Gasionisation ausreichend freie Ladungsträger beider Polartitäten zur Verfügung stehen.

5.2. Messungen an Pt - Vergleich Luft, N_2, He

Es konnte gezeigt werden, dass zumindest für vergleichsweise hohen Ofentemperaturen (oberhalb von 900°C) eine Analogie im Verhalten von Titandioxid-, Ceroxid- und Platinpartikeln in Luft als Trägergas vorliegt: Unabhängig vom Partikelmaterial sind die Partikeln nach der Ofenpassage im Mittel stark negativ geladen, wobei sich diese negative Partikelladung spätestens ab 1200°C mit zunehmender Temperatur verringert bis die Partikeln schließlich im Mittel ungeladen sind, wenn keine Spannung in der Elektrodenzone angelegt wurde, um die freien Ladungsträger abzuscheiden (vgl. Kapitel 4.2.1). Daher wurden zur Überprüfung der Hypothese, dass die für Temperaturen oberhalb 1200°C zunehmende Neutralisierung der mittleren Partikelladung durch die stärkere Ionisierung des Trägergases bedingt ist, Untersuchungen an Platinpartikeln in unterschiedlichen Trägergasen durchgeführt. Da der beobachtete Effekt erst für Temperaturen oberhalb von 1200°C zum Tragen kam, wurden die Versuche auch nur bei diesen hohen Temperaturen durchgeführt.

Um sicherzustellen, dass das Trägergas ausschließlich die Aufladung der Partikeln beeinflusst, wurden die Partikeln unabhängig von der zu untersuchenden Atmosphäre in Helium generiert. Für die Messungen der mittleren Partikelladung wurde der partikelbeladene Heliumstrom aus dem Generator mit dem jeweiligen Trägergas (Luft, Stickstoff und Helium) verdünnt. Die Versuche wurden am Partikelkollektiv durchgeführt, da es aufgrund einer zu niedrigen elektrischen Durchbruchspannung in reiner Heliumatmosphäre nicht möglich war eine Größenklassierung der Partikeln vorzunehmen. Abbildung 5.2 zeigt die Abhängigkeit der mittleren Partikelladung des Platinpartikelkollektivs von der anliegenden Wechselspannung in einer Stickstoff-, Luft- und Heliumatmosphäre bei einer Ofentemperatur von 1300°C.

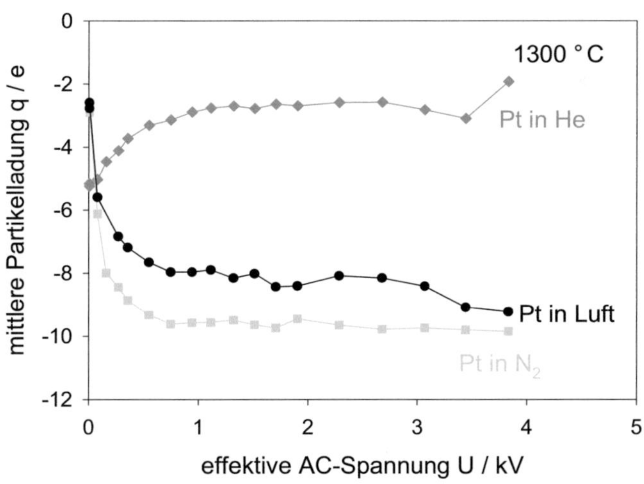

Abb. 5.2.: Einfluss des Effektivwertes der Wechselspannung auf die mittlere Ladung eines Platinpartikelkollektivs in Stickstoff-, Luft- und Heliumatmosphäre bei einer Ofentemperatur von 1300°C

Im Falle von *Luft* und *Stickstoff* als Hauptbestandteil des Trägergases zeigt sich prinzipiell das gleiche Verhalten, das bei monodispersen Platinpartikeln in Luft bei 1200°C und 1300°C beobachtet worden war. Die mittlere Partikelladung erreicht in Luft maximal etwa -8 Elementarladungen. Für diesen, im Vergleich zum monodispersen Fall (vgl. Abbildung 4.16) deutlich geringeren, Wert gibt es zwei Gründe. Einerseits ist die Partikelkonzentration deutlich höher, was zu einem niedrigeren Betrag der mittleren Ladung führt, weil der Überschuss an negativen Ionen sich auf mehr Partikeln verteilt und damit relativ gesehen kleiner ist (vgl. Abbildung 4.7). Andererseits enthält das polydisperse Aerosol auch Partikeln, die deutlich kleiner als 100 nm sind. Der Medianwert der Partikelgrößenverteilung liegt bei 35 nm.

Erwartungsgemäß wird die mittlere Partikelladung in einer reinen *Heliumatmosphäre* durch das Anlegen einer Wechselspannung in der Elektrodenzone nicht zu negativeren Werten hin verschoben. Vielmehr zeigt sich ein Verhalten wie es für ein System, welches durch die thermisch bedingte Elektronenemission aus der umgebenden Rohrwand und den thermischen Emission von Elektronen aus den Partikeln zu erwarten ist, wenn die Elektronenemission aus der Rohrwand zu einem Überschuss an negativen Ladungsträgern führt: Die Partikeln sind im feldfreien Fall im Mittel negativ geladen.

Durch das Anlegen eines wachsenden elektrischen Feldes werden in zunehmendem Maße Ladungsträger, die mobiler als die Partikeln sind, aus dem System entfernt. Obwohl davon auszugehen ist, dass weiterhin Elektronen sowohl aus den Partikeln als auch aus der Rohrwand emittiert werden, verschiebt sich der Ladungszustand, da die Elektronen bzw. die aus ihnen gebildeten negativen Gasionen abgesaugt werden, bevor sie mit den Partikeln in Kontakt kommen konnten. Daher führt die Elektronenemission aus der Rohrwand in Höhe der Elektroden nicht zu einer weiteren negativen Aufladung der Partikeln. Die ebenfalls auftretende Emission von Elektronen von den Partikeloberflächen führt prinzipiell immer zu einer Verschiebung der Partikelladung zu positiveren Werten hin. Dieser Effekt kommt voll zum Tragen, da die aus den Partikeln austretenden Elektronen durch die Wirkung des elektrischen Feldes aus dem System entfernt werden und daher kaum mit Rekombination zu rechnen ist.

In der Heliumatmosphäre reagiert die mittlere Partikelladung bei der hohen Temperatur von 1300°C auf das Anlegen eines elektrischen Feldes wie in einer Luftatmosphäre bei Temperaturen bis 1000°C (vgl. Abbildung 4.13), weil die Gasionisation in beiden Fällen vernachlässigbar ist.

Zusammenfassend läßt sich festhalten, dass die aufgrund der Beobachtungen an Titandioxidpartikeln in einem Luftträgergasstrom aufgestellte Arbeitshypothese durch Messungen an Platinpartikeln in CO_2 und N_2 und Luft gestützt wird. Die eigens zur Validierung oder Widerlegung der Hypothese durchgeführten Versuche in einer Heliumatmosphäre zeigen das erwartete Ergebnis. Daraus folgt der Schluss, dass die aufgestellte Arbeitshypothese alle für das System wesentlichen Einflussfaktoren berücksichtigt.

6. Modellierung der Hochtemperaturpartikelaufladung

Um gewährleisten zu können, dass die Aufladehypothese alle für das System wesentlichen Einflussfaktoren berücksichtigt, wird diese hier mit Hilfe der Gleichungen aus Kapitel 2 in ein mathematisch beschreibbares Modell gefaßt. Ziel dabei ist, die Modellierungsergebnisse mit den experimentellen Ergebnissen vergleichen zu können, um daraus in einem ersten Schritt Schlüsse über die Richtigkeit der Aufladehypothese ziehen zu können. Bei zufriedenstellender Übereinstimmung zwischen Experiment und Modell liefert die Modellierung auch Erkenntnisse über den Partikelladungszustand im Innern des Hochtemperaturofens, die dem Experiment nicht zugänglich sind.

Basis der Modellierung ist eine inkrementelle Bilanzierung der Ladung einer Partikel (stellvertretend für das Kollektiv) entlang ihrer Bahn durch den Ofen. Das Temperaturprofil in axialer Richtung (vgl. Abbildung 4.5) ist der Modellierung hinterlegt, so dass jeder axialen Position eine Temperatur zugeordnet werden kann. Diese Temperatur bestimmt dann beispielsweise die aktuelle Geschwindigkeit des Trägergasstromes und damit auch die Verweilzeit der Partikel bei dieser Temperatur. Die Partikelladung wird durch die thermische Emission von Elektronen aus der Partikel heraus positiver, durch Diffusionsaufladung mit negativen Ionen negativer. Für sehr hohe Temperaturen kommt zu diesen beiden Hauptvorgängen noch die Diffusionsaufladung mit positiven Ladungen hinzu. Gleichzeitig liegen dann auch freie Elektronen vor, die vereinfachend als negative Gasionen betrachtet (bzw. der negativen Gasionenphase zugerechnet) werden. Ein vereinfachtes Schema des Modells ist in Abbildung 6.1 dargestellt. Prozesse sind in rechteckigen Kästen gezeigt. Zustände sind mit grauen Ellipsen hinterlegt. Gestrichelte Umrandungen beziehen sich auf Prozesse und Zustände, die nur bei sehr hohen Temperaturen eine Rolle spielen. Die Pfeile symbolisieren Wechselwirkungen: Prozesse bewirken Zustandsänderungen (schwarze Pfeile), gleichzeitig haben die Zustände Auswirkungen auf die Prozesse (gestrichelte Pfeile), beispielsweise wird es für die Partikel mit jedem emittierten Elektron schwieriger weitere Elektronen zu emittieren. Um das

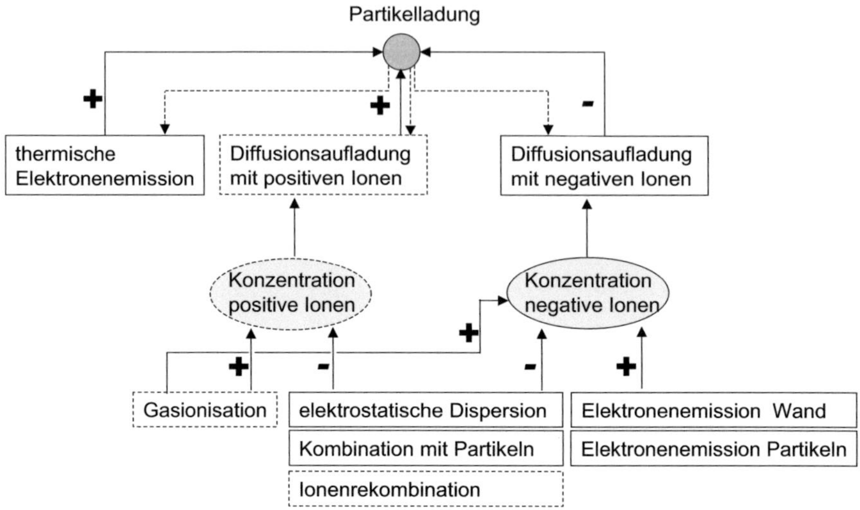

Abb. 6.1.: vereinfachtes Modellierungsschema: + kennzeichnet Quellterme , - kennzeichnet Senkenterme

Modellierungsschema nicht zu überfrachten, sind die Auswirkungen der Ionenkonzentration auf die Ionenquell- und Senkenterme nicht dargestellt.

Die einzelnen Modellbestandteile werden im Folgenden näher erläutert.

6.1. Thermische Elektronenemission

Die thermische Elektronenemission aus den Partikeln bewirkt eine Erhöhung (Verschiebung in positive Richtung) der Partikelladung mit der Zeit, wobei eine positive Partikelladung (p>0) zu einer Erhöhung der effektiven Austrittsarbeit und damit (über den negativen Exponenten) zu einer Abnahme des Stromes an emittierten Elektronen führt. Die Kombination der Gleichungen 2.1 und 2.12 ergibt:

$$\frac{dq}{dt} = A \cdot \pi {d_p}^2 \cdot T^2 \cdot \exp\left[-\frac{(\Phi_A + \frac{e^2 \cdot (p+1)}{2\pi\varepsilon_0 d_p} - \frac{5}{8} \cdot \frac{e^2}{2\pi\varepsilon_0 d_p})}{k \cdot T} \right] \qquad [6.1]$$

Ein möglicher Einfluss der Temperatur auf die Elektronenaustrittsarbeit wird in der Modellierung nicht berücksichtigt.

6.2. Diffusionsaufladung

Die Diffusionsaufladung mit negativen Gasionen führt zu einer Verschiebung der mittleren Ladung (bzw. der Ladung der Modellpartikel) in negative Richtung. Im Modell wird die Rekombination von Partikeln und daraus emittierten Elektronen ebenfalls mithilfe der Fuchsschen Diffusionsaufladungsgleichungen im Übergangsbereich beschrieben, wobei die emittierten Elektronen, der negativen Ionenphase zugerechnet werden. Die Änderung der Partikelladung infolge der Diffusionsaufladung mit der Zeit wird mit folgenden Gleichungen (vgl. Gl. 2.23 und Gl. 2.24) beschrieben, wobei die Gleichungen sowohl für negative als auch für positive Ionen Anwendung finden.

$$\frac{dq}{dt} = \pi \cdot r_p^2 \cdot n_i \cdot \bar{c}_i \cdot e \cdot \beta(q, r_P, \alpha, \varepsilon_P, T) \qquad [6.2]$$

und

$$\beta(q, r_P, \alpha, \varepsilon_P, T) = \frac{\alpha \frac{r_G^2}{r_P^2} exp\left\{-\frac{\Phi(r_G)}{kT}\right\}}{1 + exp\left\{-\frac{\Phi(r_G)}{kT}\right\} \frac{r_G^2 \alpha \bar{c}_i}{4D_i} \int_{r_G}^{\infty} \frac{1}{x^2} exp\left\{\frac{\Phi(x)}{kT}\right\} dx}$$

Der Radius der Grenzkugel r_G (Gl. 2.19) wird ebenfalls von Fuchs übernommen:

$$\frac{r_G}{r_P} = \frac{r_P^2}{\lambda_i^2} \cdot \left[\frac{\left(1 + \frac{\lambda_i}{r_P}\right)^5}{5} - \frac{\left(1 + \frac{\lambda_i^2}{r_P^2}\right) \cdot \left(1 + \frac{\lambda_i}{r_P}\right)^3}{3} + \frac{2}{15} \cdot \left(1 + \frac{\lambda_i^2}{r_P^2}\right)^{\frac{5}{2}} \right]$$

Für die Kollionswahrscheinlichkeiten von in die Grenzkugel eingedrungenen Ionen wird die Fuchssche Defintion angewendet, wobei die drei Fälle

$$\alpha = \begin{cases} r_P^2 / r_G^2 & \text{für } q = 0, \\ 1 & \text{für } q > 0, \\ \frac{b_m^2}{r_G^2} & \text{für } q < 0, \end{cases}$$

unterschieden werden.

b_m ist das Minimum der Funktion b (Gleichung 2.21):

$$b^2 = r_P^2 \left\{ 1 + \frac{2}{3kT} [\Phi(r_G) - \Phi(r_P)] \right\}$$

Die potentielle elektrostatische Energie Φ hängt ebenso wie die Kollisionswahrscheinlichkeit α von der Partikelladung q ab:

$$\Phi(r) = \frac{1}{4\pi\varepsilon_0\varepsilon_r} \cdot \left(\frac{q}{r} - \frac{\varepsilon_P - 1}{\varepsilon_P + 2} \cdot \frac{r_p^3 e}{2r^2(r^2 - r_p^2)} \right) \cdot e,$$

Daher wird in jedem Iterationsschritt mit der Partikelladung q aus dem vorhergehenden Schritt eine neue potentielle elektrostatische Energie Φ, eine neue Kollsionswahrscheinlichkeit sowie ein neuer Elektronenemissionsterm bestimmt.

In Gl. 6.2 ist ausserdem die Ionenkonzentration n_i von entscheidender Bedeutung. Die bipolare Diffusionsaufladung, die sich bei hohen Temperaturen ergibt, wird als doppelte unipolare Diffusionsaufladung mit einer negativen Ionenkonzentration n_n und einer positiven Ionenkonzentration n_p modelliert. Für die Modellierung der Änderungen der Ionenkonzentration einer Polarität wird die Konzentration der Ionen der anderen Polarität dabei durchaus berücksichtigt.

6.2.1. Negative Ionenanzahlkonzentration n_n

Die negative Ionenkonzentration n_n wird entlang der Rohrachse bilanziert. Dabei fungiert die Elektronenemission aus der Oberfläche als Quellterm. Im Modell werden die von den Partikeln und der Rohrwand emittierten Elektronen als negative Gasionen behandelt. Für die Konzentration ist dabei im Fall der Emission aus den Partikeln die Partikelanzahlkonzentration ein wichtiger Parameter, bei der Emission aus der Rohrwand ist das Verhältnis von Rohroberfläche zu Rohrvolumen von Bedeutung. Als Ionensenke wirken die elektrostatische Dispersion, der Kontakt mit Partikeln und die Rekombination mit positiven Gasionen, die durch Gasionisation gebildet werden. Gleichzeitig liefert die Gasionisation Elektronen, die als negative Gasionen behandelt werden, indem ihnen die gleiche elektrische Mobilität zugewiesen wird.

Die Ionenanzahlkonzentration n_i im Bilanzraum wird bestimmt als Summe aus der Ionenanzahlkonzentration (beider Vorzeichen) am Eintritt und der Änderung der Ionenanzahlkonzentration mit der Zeit multipliziert mit dem Zeitschritt. Die Änderung der

Ionenkonzentration an negativen Ionen setzt sich zusammen aus Quell- und Senkentermen:

$$\begin{aligned}\frac{dn_n}{dt} = \frac{1}{e} \cdot \Big[A_{Rohr} \cdot T^2 \exp(-\frac{\Phi_{Rohr}}{kT}) \cdot S_{V,Rohr} \\ +A_{Part} \cdot T^2 \exp(-\frac{\Phi_{Part,eff}}{kT}) \cdot \pi d_p^2 \cdot n_{Part} \\ -\beta \cdot n_n \cdot e \cdot n_{Part} - \frac{Z_i \cdot e}{\varepsilon_0} \cdot (n_n \cdot e - n_{Part} \cdot q) \cdot n_n \Big] \\ -\alpha_i \cdot \frac{293,15K}{T} \cdot n_n \cdot n_p + \\ \alpha_i \cdot \frac{293,15K}{T} \cdot \frac{2g_+}{g_0} \cdot (2\pi \frac{kT \cdot m}{h^2})^{3/2} \cdot \exp(\frac{-e \cdot V}{kT}) \cdot n_0 \quad [6.3]\end{aligned}$$

Die Terme in Gleichung (6.3) in der Reihenfolge ihres Erscheinens beschreiben die Änderung der Ionenkonzentration durch die thermische Elektronenemission aus dem Rohr, die thermische Elektronenemission aus den Partikeln, die Diffusionsaufladung der Partikeln, die elektrostatische Dispersion, die Rekombination zwischen negativen und positiven Gasionen sowie die Bildung negativer Gasionen durch die thermische Gasionisation. Bei der thermischen Elektronenemission wird die Erhöhung der Austrittsarbeit der Partikeln berücksichtigt, wenn die Partikelladung positiv ist. Eine denkbare Erniedrigung der Partikelaustrittsarbeit bei negativer Partikelladung wird nicht berücksichtigt. Der Dispersionsterm berücksichtigt, dass nicht nur negative Gasionen im System vorhanden sind, sondern die Partikeln auch Ladungen tragen, so dass die elektrostatische Dispersion abgeschwächt oder verstärkt werden kann. Die Gasionsationsrate wurde aus der Saha-Gleichung und der Ionenrekombinationsrate abgeleitet (vgl. 6.2.2).

6.2.2. Positive Ionenkonzentration n_p

Positive Gasionen resultieren einzig aus der thermischen Ionisierung des Gases. In der Literatur findet sich lediglich der Gleichgewichtsfall der Gasionisation, welcher mit Hilfe der Saha-Gleichung beschrieben wird. Da für die Modellierung eine Ionenproduktionsrate benötigt wird, wird diese aus der Saha-Gleichung und der Ionenrekombinationsrate abgeleitet. Die Anzahlkonzentration der neutralen Gasatome wird mithilfe des molaren Volumens eines idealen Gases angenähert, wobei die Dichteabnahme bei höheren Temperaturen entsprechend berücksichtigt wird. Die Anzahlkonzentration an positiven Gasionen nimmt sowohl durch Rekombination mit negativen Gasionen bzw. Elektronen als auch durch Anlagerung an die Partikeln ab. Damit ergibt sich für die Änderung der positiven Ionenkonzentration mit der Zeit folgender Ausdruck:

$$\frac{dn_p}{dt} = -\beta_p \cdot n_p \cdot n_{Part} - \frac{Z_p}{\varepsilon_0} \cdot (n_p \cdot e + n_{Part} \cdot q - n_n \cdot e) \cdot n_p - \alpha_i \cdot \left(\frac{293,15K}{T}\right) \cdot n_n \cdot n_p$$
$$+ \alpha_i \cdot \left(\frac{293,15K}{T}\right) \cdot \frac{2g_+}{g_0} \cdot \left(2\pi \frac{kT \cdot m}{h^2}\right)^{3/2} \cdot \exp\left(\frac{-e \cdot V}{kT}\right) \cdot n_0 \quad [6.4]$$

Die Terme beschreiben dabei die Diffusionsaufladung der Partikeln, die elektrostatische Dispersion, die Ionenrekombination und die Gasionisation. Dabei wird mittels einer Fallunterscheidung im Modell sichergestellt, dass die elektrostatische Dispersion die Ionenkonzentration immer nur erniedrigen kann.

6.3. Implementierung des Modells

Mathematisch wird der Partikelaufladungsprozess durch ein System von Differentialgleichungen beschrieben. In der Modellierung werden diese linearisiert und Größen, die von anderen Größen abhängen (z.B. hängt die Aufladerate vom Partikelladungszustand ab) mithilfe der Werte aus dem letzten Iterationsschritt berechnet. Ein vereinfachtes Flussdiagramm, der in Matlab implementierten Berechnung, ist in Abbildung 6.2 dargestellt.

Zur Berechnung benötigte Variablen werden initial auf sinnvolle Werte gesetzt. Für die Anfangspartikelladung beispielsweise wird ein Elektron angenommen, die Anfangskonzentrationen an positiven n_{p0} und negativen Ionen n_{n0} werden Null gesetzt. Der axialen Koordinate s wird die aktuelle Temperatur aus dem Temperaturprofil zugeordnet. Die für den Effizienzparameter der Diffusionsaufladung β benötigten Variablen α und Φ hängen vom Partikelladungszustand ab. Der Emissionsterm (vgl. Gleichung 2.2) hängt ebenfalls von der Partikelladung q sowie von der herrschenden Temperatur T ab. Um die Aufladerate durch Diffusion zu bestimmen, wird neben dem Effizienzfaktor die Ionenkonzentration n_i benötigt. Die Änderung der Partikelladung im Zeitschritt ergibt sich dann, für den Fall, dass ausschließlich negative Gasionen vorliegen als Emissionsterm - Diffusionsterm (vgl. Gleichung 6.2). Die Änderungen der Konzentrationen an negativen n_n und positiven n_p Ionen hängen ihrerseits von den Konzentrationen der Ionen beider Polaritäten sowie der herrschenden Temperatur ab.

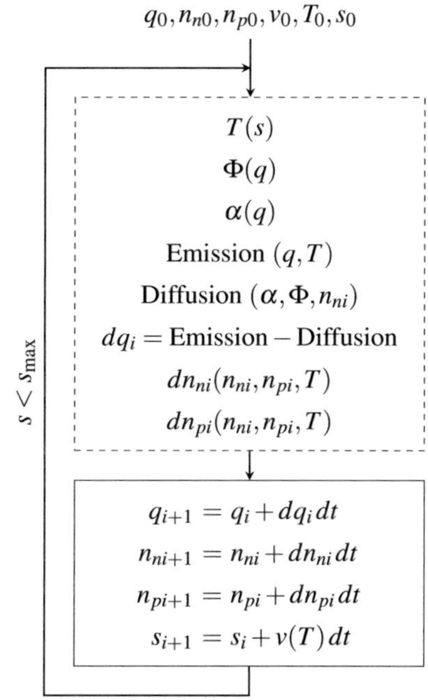

Abb. 6.2.: Modellierungsflussbild

Im nächsten Schritt erfolgt die Bilanzierung der Partikelladung, sowie der Ionenkonzentrationen. Ausserdem wird die neue axiale Koordinate als alte axiale Koordinate + aktuelle Gasgeschwindigkeit mal Zeitschritt berechnet. Diese Werte dienen dann als neue Eingangsvariablen für die Berechnungsroutine, die solange ausgeführt wird, bis die Modellpartikel das Ofenrohr verläßt, also die axiale Koordinate s gleich der größten axialen Koordinate s_{max} (dem Ende des Rohres) ist.

7. Modellrechnungen

Das betrachtete System ist so komplex, dass die Modellrechnungen nicht das Ziel haben, die experimentellen Ergebnisse quantitativ wiederzugeben. Der Einfluss von Sekundäreffekten (wie der Zusammensetzung bzw. Reinheit des Trägergases oder die Verschmutzung des Rohres) kann nicht berücksichtigt werden. Daher wird lediglich eine semi-quantitative Übereinstimmung zwischen Experiment und Modell angestrebt. Diese ließe den Schluss zu, dass die zur Erklärung herangezogenen Hauptmechanismen dazu geeignet sind, das wesentliche Systemverhalten zu beschreiben.

Um sich mit dem Modell vertraut zu machen, wurden zunächst Parameterstudien durchgeführt.

7.1. Ioneneigenschaften

Es existieren prinzipiell sehr unterschiedliche Modelle zur Temperaturabhängigkeit der Ioneneigenschaften. Während die mittlere freie Weglänge λ_i, sowie die Diffusionskonstante D direkt von der elektrischen Mobilität Z abhängen, d.h. ihre Temperaturabhängigkeiten an die Temperaturabhängigkeit der elektrischen Mobilität gebunden sind, skaliert der Mittelwert der Molekülgeschwindigkeit $\bar{c}$ der Literatur zufolge immer mit der Temperatur hoch 0,5. Von der Größenänderung der Ionen durch den Temperatureinfluss abgesehen, variieren die in der Literatur aufgeführten Korrelationen zwischen elektrischer Mobilität und Temperatur zwischen keiner Abhängigkeit und der Proportionalität zur Temperatur.

Um den Einfluss der temperaturbedingten Unterschiede auf die Modellierungsergebnisse zu verdeutlichen, wurde auch eine Modellierung vorgenommen, bei der alle Ioneneigenschaften als temperaturunabhängig angenommen wurden. Zur besseren Übersicht, sind die modellierten Temperaturabhängigkeiten der Ioneneigenschaften in der folgenden Tabelle 7.1 dargestellt.

Tab. 7.1.: Modellierte Ioneneigenschaften

	Symbol im Diagramm	$Z \sim$	$\bar{c} \sim$	$\lambda_i \sim$	$D \sim$
konstante Ioneneigenschaften	dunkelgraues Dreieck	T^0	T^0	T^0	T^0
elektrische Mobilität $Z \sim T^0$	hellgraues Quadrat	T^0	$T^{0,5}$	$T^{0,5}$	T^1
elektrische Mobilität $Z \sim T^1$	dunkelgraue Raute	T^1	$T^{0,5}$	$T^{1,5}$	T^2

Abbildung 7.1 zeigt die Modellierungsergebnisse zusammen mit den experimentellen Daten aus Kapitel 4.2.1.

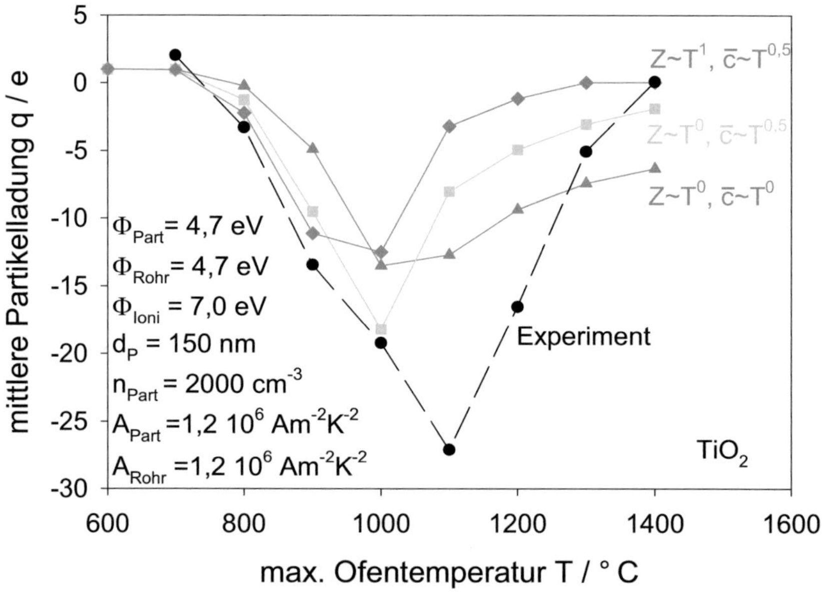

Abb. 7.1.: Titandioxidpartikeln (d_p = 150 nm): Mittlere Partikelladung als Funktion der Temperatur für unterschiedliche Temperaturabhängigkeiten der Ioneneigenschaften.

Im direkten Vergleich zeigt sich, dass die hellgraue Kurve ($Z \sim T^0$, $\bar{c} \sim T^{0,5}$) den Experimenten im Temperaturbereich von 600°C bis 1000°C am nächsten kommt. Die Kurve mit dunkelgrauen Rauten ($Z \sim T^1$, $\bar{c} \sim T^{0,5}$) kommt zwar im Temperaturbereich von 600°C bis 900°C noch näher an die Messwerte heran, verläuft dann aber insgesamt viel zu flach. Ausserdem ist die mittlere Partikelladung in diesem Fall schon bei 1300°C ausgeglichen. Die Kurve, die mit konstanten Ioneneigenschaften ($Z \sim T^0$, $\bar{c} \sim T^0$) berechnet wurde, gibt die experimentellen Daten am schlechtesten wieder. Sie weicht bereits bei niedrigen Temperaturen stark von den Messwerten ab, und kann den schnellen Ausgleich von stark negativ geladenen Partikeln (-20 bis -30 Elementarladungen) bei 1000°C bzw. 1100°C zu im Mittel neutralen Partikeln bei 1400°C nicht wiedergeben.

Abbildung 7.2 wiederholt die obige Rechnung für Ceroxid.

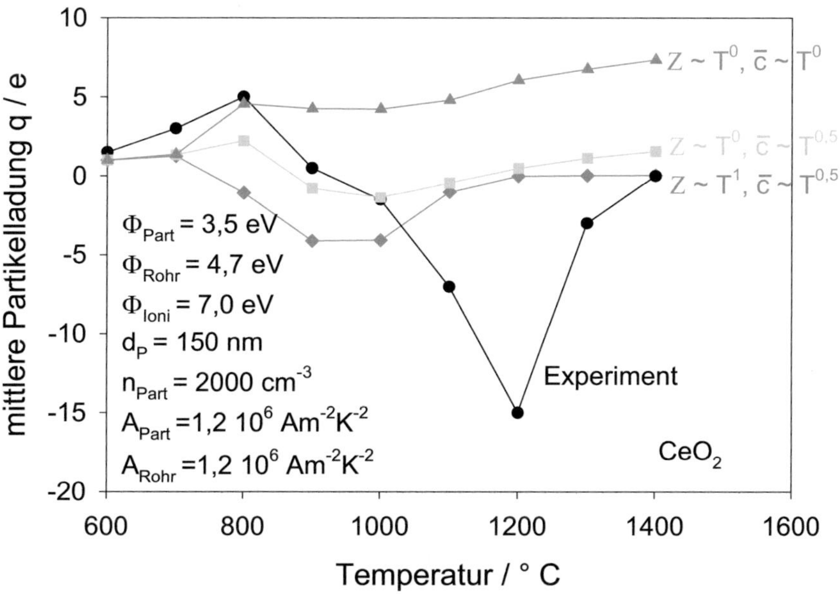

Abb. 7.2.. Ceroxidpartikeln (d_p = 150 nm): Mittlere Partikelladung als Funktion der Temperatur für unterschiedliche Temperaturabhängigkeiten der Ioneneigenschaften.

Die Annahme konstanter Ioneneigenschaften ($Z \sim T^0, \bar{c} \sim T^0$) passt für Ceroxid noch schlechter zu den Messdaten als für Titandioxid. Der monotone Anstieg der mittleren Partikelladung steht in eklatantem Widerspruch zu dem ausgeprägten Minimum (-15 Elementarladungen bei 1200°C) der gemessenen Partikelladungen. Die stärkste postulierte Abhängigkeit der Ioneneigenschaften ($Z \sim T^1, \bar{c} \sim T^{0,5}$, dunkelgraue Rauten) kann den Anstieg der mittleren Partikelladung mit der Temperatur im Bereich zwischen 600°C und 800°C nicht wiedergeben und erscheint daher ungeeignet.

Wird eine mittlere Temperaturabhängigkeit der Ioneneigenschaften ($Z \sim T^0, \bar{c} \sim T^{0,5}$) angenommen, so erreicht man bis zu einer maximalen Ofentemperatur von 1000°C) eine zufriedenstellende Übereinstimmung mit den experimentell ermittelten Werten. Auch der vorübergehende Wechsel der mittleren Partikelladung zur negativen Polarität wird durch die Modellierung wiedergegeben.

Da die Übereinstimmung zwischen den Modellierungsergebnissen und den experimentellen Daten sowohl für Titandioxid als auch für Ceroxid dann am größten ist, wenn die freie Weglänge der Ionen, die mittlere Ionengeschwindigkeit und die Ionendiffusionskonstante (nicht aber die elektrische Mobilität) systematisch an die Temperatur angepasst werden, basieren die folgenden Modellierungen auf dieser Anpassung der Ioneneigenschaften. Die Schärfe des Minimums kann im Modell nicht wiedergegeben werden, vermutlich weil Sekundäreffekte (wie Trägergasreinheiten und Rohrverschmuzungen) nicht berücksicht werden.

7.2. Variation der Ionisierungsenergie

Da die Energie, die zur Ionisierung des Trägergases aufgewendet werden muss, nicht genau bekannt, aber dennoch von entscheidendem Einfluss auf die mittlere Partikelladung bei hohen Temperaturen ist, wurde zunächst die mittlere Partikelladung von Titandioxidpartikeln als Funktion der Temperatur mit unterschiedlichen Gasionisierungsenergien von 6,8 eV, 7,0 eV, 8,0 eV, 9,0 eV und 12,5 eV gerechnet. Dabei wurde die Austrittsarbeit für Partikeln und Rohr entsprechend den Literaturwerten konstant mit je 4,7 eV angenommen. Der Partikeldurchmesser wurde auf 150 nm gesetzt, die Partikelanzahlkonzentration war wie bei den Experimenten 2000 cm^{-3}. Die Richardsonkonstante sowohl der Partikeln als auch des aerosolführenden Rohres wurde auf den universellen

Wert von $1{,}20 \cdot 10^6 \mathrm{A} \cdot \mathrm{m}^2 \cdot \mathrm{K}^2$ gesetzt. Das Ergebnis der Variation der Ionisierungsenergien ist in Abbildung 7.3 zu sehen.

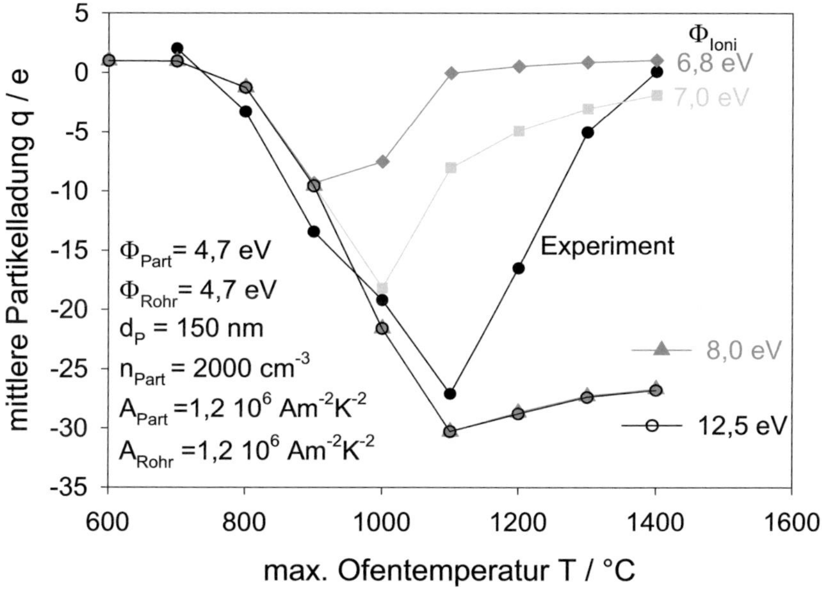

Abb. 7.3.: Vergleich modellierter und gemessener mittlerer Partikelladungen für Titandioxidpartikeln (d_p = 150 nm), variierter Modellierungsparameter: Ionisierungsenergie des Trägergases (6,8 eV, 7 eV, 8 eV und 12,5 eV).

Wie in den Experimenten sind die Partikeln abgesehen von Ofentemperaturen unterhalb von etwa 700°C, wo es noch zu keiner detektierbaren Änderung der mittleren Partikelladung während des Ofendurchgangs kommt, durchweg negativ oder nicht geladen. Die Modellierung zeigt, wie erwartet dass die Ionisierungsenergie bis zu einer Temperatur von 900°C keinen nennenswerten Effekt auf die mittlere Partikelladung hat. Ab einer Temperatur von 1000°C wird das Minimum der mittlere Partikelladung mit zunehmenden Ionisierungsenergien immer ausgeprägter, ab einer Ionisierungsenergie von 8,0 eV ist die Ionisierung aber zu schwach um die Partikeln bis 1400°C effektiv zu neutralisieren. Für die Ionisierungsenergien von 8,0 eV und 12,5 eV ergeben sich in der Modellierung exakt die gleichen mittleren Partikelladungen. Daraus ist zu erkennen, dass die Ionisation des Gases im untersuchten Temperaturbereich nur dann eine Rolle spielt, wenn Ionisierungsenergien kleiner als 8,0 eV angenommen werden. Weiterhin ergibt sich aus der Modellierung, dass die mittlere Partikelladung auch ohne merklichen Einfluss der Gasionisation ab einer maximalen Ofentemperatur von 1100°C mit steigender Temperatur weniger negativ wird. Die Ursache hierfür ist in der verstärkten Fähigkeit der Partikeln zur Elektronenemission bei höheren Temperaturen zu suchen.

Abbildung 7.4 zeigt die gleiche Rechnung für Platinpartikeln.

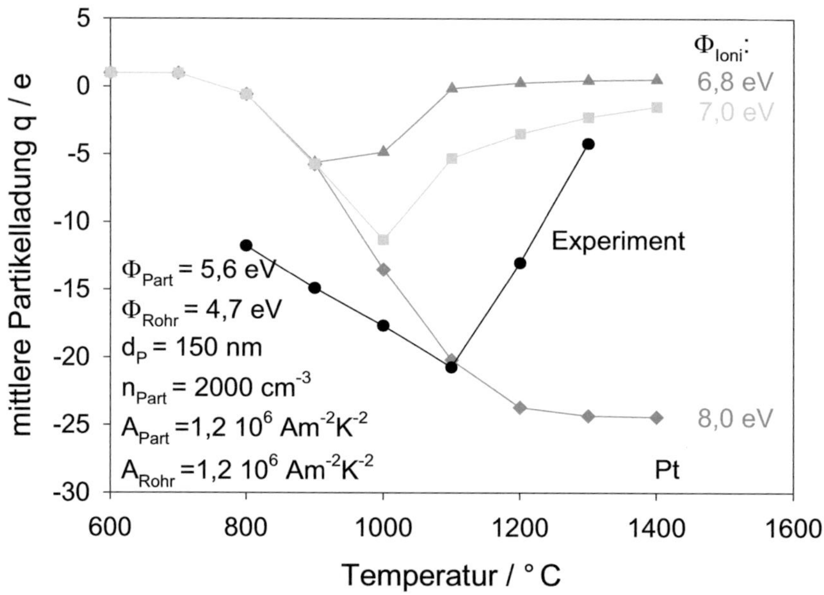

Abb. 7.4.: Vergleich modellierter und gemessener mittlerer Partikelladungen für Platinpartikeln (d_p = 100 nm), variierter Modellierungsparameter: Ionisierungsenergie des Trägergases (6,8 eV, 7 eV, 8 eV).

Wie am Beispiel der Titandioxidpartikeln schon gesehen, hat die Ionisierungsenergie im Temperaturbereich kleiner 900°C keinen Einfluss auf die modellierten mittleren Partikelladungen. Die mit einer Ionisierungsenergie von 8,0 eV modellierten mittleren Partikelladungen werden mit zunehmender Temperatur immer negativer. Damit stehen sie im Widerspruch zum (unabhängig vom Partikelmaterial) experimentell ermittelten Trend. Dieser zeigte einen zunehmenden Ausgleich der mittleren Partikelladung bei maximalen Ofentemperaturen oberhalb von 1100°C bzw. 1200°C. Daraus folgt wie im Beispiel von Titandioxid (Abbildung 7.3), dass eine Ionisierungsenergie von 7,0 eV für die weiteren Modellierungen am sinnvollsten erscheint, obwohl die experimentell ermittelten mittleren Partikelladungen im gesamten untersuchten Temperaturbereich deutlich stärker negativ sind als die mit Ionisierungsenergien von 6,8 eV bzw. 7,0 eV modellierten Werte.

7.3. Variation der Austrittsarbeit des Rohres

Neben der Austrittsarbeit der Partikeln und der Ionisierungsenergie des Trägergases ist die Austrittsarbeit des Rohres bestimmend für die sich ergebenden mittleren Partikelladungen. Die Rohraustrittsarbeit ist entscheidend für die Bildung von negativen Gasionen. Die negativen Gasionen bewirken über die unipolare Diffusionsaufladung eine Verschiebung der mittleren Partikelladung in negative Richtung. Infolgedessen werden die sich ergebenden mittleren Partikelladungen umso stärker negativ sein, je kleiner die Austrittsarbeit des Rohrmateriales ist. Abbildung 7.5 zeigt den Einfluss der Rohraustrittsarbeit auf die modellierten mittleren Partikelladungen von Titandioxidpartikeln eines mobilitätsäquivalenten Durchmessers von 150 nm. Die Partikelaustrittsarbeit wurde dabei 4,7 eV gesetzt. Als Wert für die Ionisierungsenergie des Trägergases wurden 7,0 eV gewählt. Erwartungsgemäß ergeben sich für die kleinste Rohraustrittsarbeit (4,4 eV) die am stärksten negativen mittleren Partikelladungen. Die so modellierten Partikelladungen liegen ausnahmslos bei negativeren Werten als die experimentell ermittelten. Darüberhinaus wird die mittlere Partikelladung bei Temperaturen oberhalb von 1100°C zwar etwas weniger negativ, aber nicht in einem Maße, dass (die beobachteten) quasi neutralen mittleren Partikelladungen bei Temperaturen (auch oberhalb) von 1400°C denkbar wären. Damit scheint eine Modellierung mit einer Rohraustrittsarbeit von 4,4 eV nicht sinnvoll. Ähnliches gilt für eine Rohraustrittsarbeit von 5,0 eV. Insgesamt sind die mo-

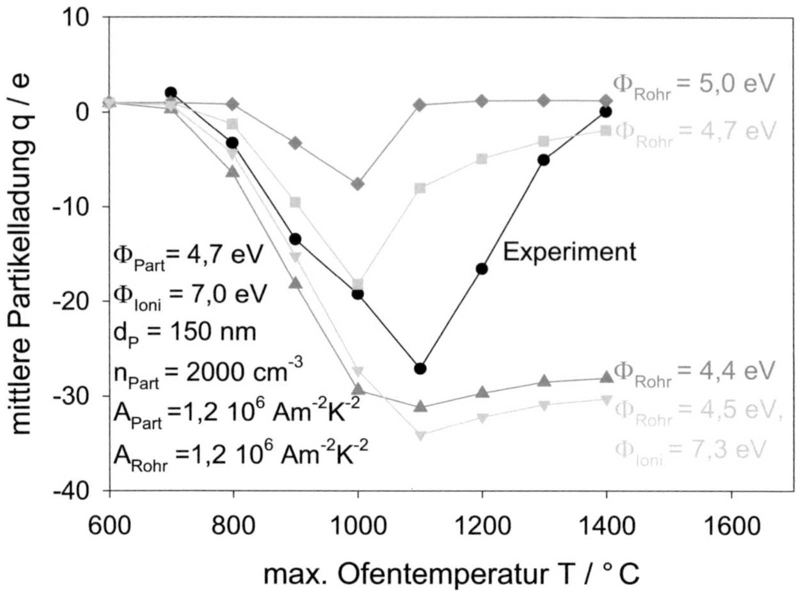

Abb. 7.5.: Vergleich modellierter und gemessener mittlerer Partikelladungen für Titandioxidpartikeln (d_p = 150nm), variierter Modellierungsparameter: Austrittsarbeit der Rohrwand (4,4 eV, 4,7 eV und 5,0 eV).

dellierten mittleren Partikelladungen in diesem Falle nicht negativ genug. Ausser bei Temperaturen von 900°C und 1000°C sind die modellierten mittleren Partikelladungen (im Unterschied zu den gemessenen) immer leicht positiv.

Die Abbildung zeigt ergänzend eine Modellierung für eine Rohraustrittsarbeit von 4,5 eV und eine Ionisierungsenergie des Gases von 7,3 eV bei sonst unveränderten Parametern (hellgraue Dreiecke). Wie schon bei einer Rohraustrittsarbeit von 4,4 eV sind die modellierten Werte insgesamt zu negativ, besonders groß sind die Unterschiede im Temperaturbereich oberhalb 1200°C.

Die Kurve, bei welcher der Literaturwert (4,7 eV) der Austrittsarbeit des Rohrmaterials Al_2O_3 und eine Ionisierungsenergie von 7,0 eV angenommen wurde, gibt die experimentellen mittleren Partikelladungen bis zu einer Temperatur von 1000°C zufriedenstellend wieder, für höhere Temperaturen steigt die Diskrepanz mit steigender Temperatur. Dabei ist allerdings zu bedenken, dass der experimentell gefundene Trend einer stark positiver werdenden mittleren Partikelladung nicht durch unipolar negative Diffusionsaufladung erklärbar ist, sondern entweder durch das Vorhandensein positiver Gasionen infolge der Gasionisation (beschrieben durch die Ionisierungsenergie) oder durch die stärker in Fahrt kommende Elektronenemission aus den Partikeln. Daher wird für die folgenden Modellierungen eine Rohraustrittsarbeit von 4,7 eV postuliert.

7.4. Partikelgrößenabhängigkeit

Die Modellierungsergebnisse zur Partikelgrößenabhängigkeit der mittleren Partikelladung sind in Abbildung 7.6 dargestellt.

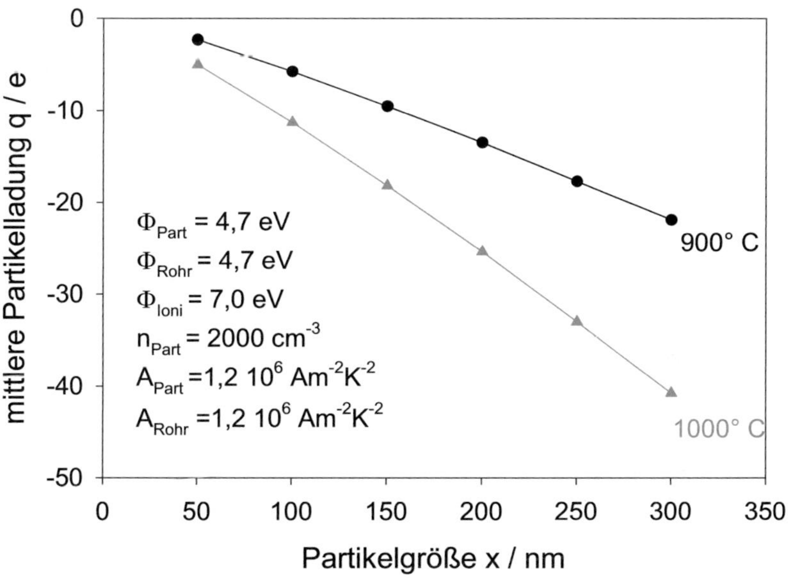

Abb. 7.6.: Modellierte mittlere Partikelladungen von Titandioxidpartikeln bei 900°C und 1000°C Ofentemperatur als Funktion der Partikelgröße.

Erwartungsgemäß nimmt der Betrag der mittleren Partikelladung linear mit der Partikelgröße zu. Die Ergebnisse sind in guter Übereinstimmung mit den experimentell ermittelten Resultaten (vgl. Abbildung 4.8). Die Partikeln sind in beiden Fällen negativ geladen, wobei sich bei der höheren Ofentemperatur stärker negative Partikelladungen ergeben.

7.5. Konzentrationseinfluss

Als weiterer wichtiger Aspekt wurde der Einfluss der Partikelanzahlkonzentration auf die mittlere Partikelladung modelliert.

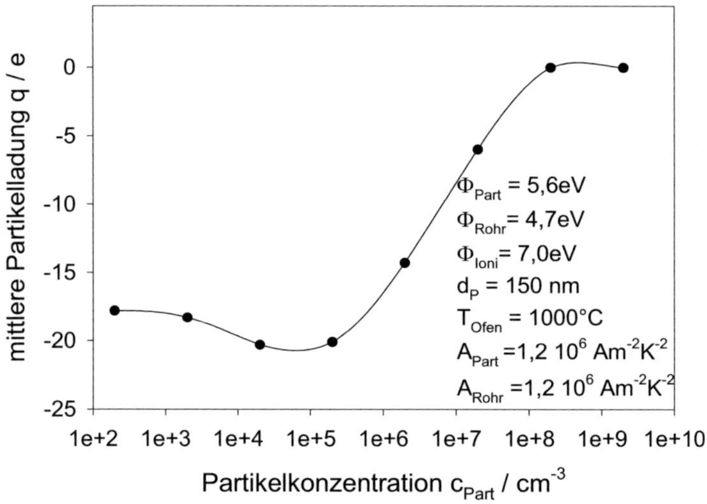

Abb. 7.7.: Modellierte mittlere Partikelladungen von Platinpartikeln (d_p = 150 nm, Partikelaustrittsarbeit 5,6 eV, Rohraustrittsarbeit 4,7e V und Gasionisierungsenergie 7,0 eV) bei 1000°C Ofentemperatur als Funktion der Partikelanzahlkonzentration.

Während der Modellierung die Annahme monodisperser, sphärischer Partikeln zugrunde liegt, sind die Experimente am Partikelkollektiv aus Platinpartikeln durchgeführt worden, um möglichst hohe Partikelanzahlkonzentrationen zu erreichen. Somit sind die Modellierungergebnisse (vgl. Abbildung 7.7) nicht direkt mit den experimentell ermittelten Ergebnissen (vgl. Abbildung 4.7) vergleichbar, weshalb auf eine vergleichende Darstellung verzichtet wird. Trotz der Unterschiede zwischen den experimentellen und den Modellierungsbedingungen zeigt sich in den Ergebnissen die gleiche Tendenz.

Die modellierte mittlere Partikelladung ist bei 1000°C durchweg negativ. Bei Partikelanzahlkonzentrationen zwischen $2 \cdot 10^4 \mathrm{cm}^{-3}$ bis $2 \cdot 10^5 \mathrm{cm}^{-3}$ ist die mittlere Partikelladung mit rund -20 Elementarladungen betragsmäßig am größten.[1] In diesem Konzentrationsbereich ist kein nennenswerter Einfluss der Partikelanzahlkonzentration festzustellen. Das ändert sich mit weiter steigender Partikelanzahlkonzentration drastisch, so verringert sich der Betrag der mittleren Partikelladung bei einer Partikelkonzentration von $2 \cdot 10^6 \mathrm{cm}^{-3}$ bereits auf 14 Elementarladungen. Die Erklärung dafür ist, dass die Anzahl der aus der Rohrwand stammenden negativen Gasionen konstant ist und sich nun auf eine größere Anzahl an Partikeln verteilt. Mit noch weiter zunehmender Partikelanzahlkonzentration nähert sich die mittlere Partikelladung folglich immer mehr dem neutralen Zustand, da die Elektronenemission aus den Partikeln immer stärker in die Größenordnung der konzentrationsunabhängigen Emission der Rohrwand gelangt.

Allerdings ist nicht zu erwarten, dass die mittlere Partikelladung bei weiter steigender Partikelanzahlkonzentration nennenswert positiv wird. Die Elektronenemission aus den Partikeln und die Diffusionsaufladung halten sich zwar bereits bei einer Partikelanzahlkonzentraton von $2 \cdot 10^8 \mathrm{cm}^{-3}$ die Waage, so dass die Vermutung nahe liegt, dass die

[1] Die leichte Abnahme auf etwa -18 Elementarladungen bei der niedrigsten untersuchten Konzentration von $2 \cdot 10^2 \mathrm{cm}^{-3}$ ergibt sich nur infolge der Anpassung der Ioneneigenschaften an die Temperatur (bei Annahme konstanter, von der Temperatur unabhängiger Ioneneigenschaften ist die mittlere Partikelladung für alle Partikelanzahlkonzentrationen unterhalb einer Grenzkonzentration konstant, das Verhalten im Bereich hoher Partikelanzahlkonzentrationen ist von den Ioneneigenschaften unabhängig). Die Betrachtung des Verlaufs der mittleren Partikelladung in axialer Richtung durch den Ofen zeigt, dass die mittlere Partikelladung erwartungsgemäß zunächst (bis in den heißesten Bereich des Ofens umso stärker negativ ist, je kleiner die Partikelanzahlkonzentration ist. Dabei ist der Unterschied im Konzentrationsbereich $< 2 \cdot 10^5 \mathrm{cm}^{-3}$ marginal. Während die mittlere Partikelladung bei Partikelanzahlkonzentrationen zwischen $2 \cdot 10^4 \mathrm{cm}^{-3}$ und $2 \cdot 10^5 \mathrm{cm}^{-3}$ im weiteren axialen Verlauf mit sinkender Temperatur konstant bleibt, kommt es dort bei den niedrigen Partikelanzahlkonzentrationen zu einer leichten Abnahme durch Anlagerung von positiven Gasionen (deren Konzentration in der Modellierung bei den niedrigsten Partikelanzahlkonzentrationen am Ende um eine Zehnerpotenz höher ist, als bei den höheren Partikelanzahlkonzentrationen, bei denen die betragsmäßig größten mittleren Partikelladungen resultieren (vgl. Abbildung B.1 im Anhang). Möglicherweise handelt es sich dabei lediglich um ein Simulationsartefakt.

Elektronenemission aus den Partikeln der über die Diffusionsaufladung dominierende Mechanismus wird. Gleichzeitig erhöht sich aber mit weiter zunehmender Partikelanzahlkonzentration auch die Wahrscheinlichkeit von Rekombinationsvorgängen, so dass ein aus einer Partikel emittiertes Elektron mit an Sicherheit grenzender Wahrscheinlichkeit wieder an eine Partikel angelagert wird und somit keine Auswirkung auf die mittlere Partikelladung hat.

7.6. Temperaturanpassung der Partikelaustrittsarbeit

Abbildung 7.8 zeigt den Vergleich von modellierten und im Experiment ermittelten mittleren Partikelladungen von Ceroxidpartikeln als Funktion der Ofentemperatur.

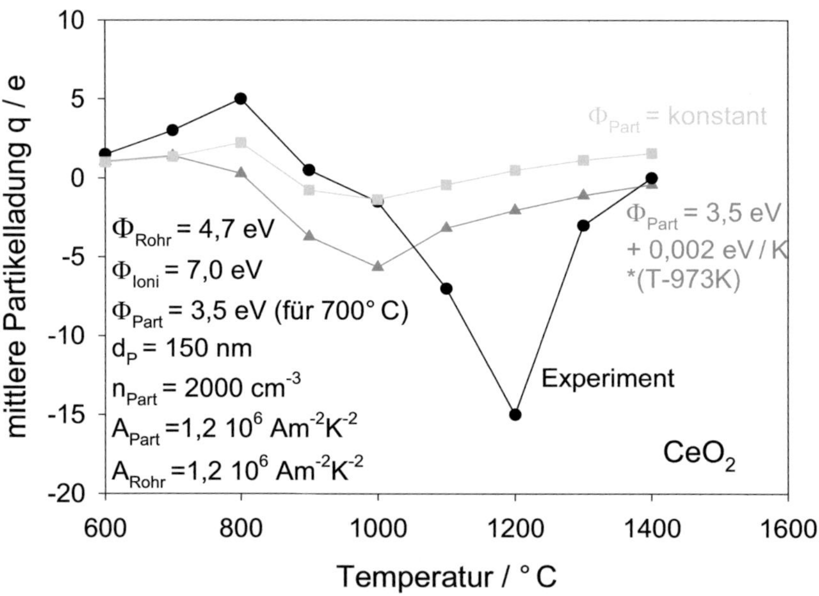

Abb. 7.8.: Vergleich modellierter (mit konstanter Austrittsarbeit bzw. mit $\gamma = 0,002\ \text{eV} \cdot \text{K}^{-1}$ zunehmender Austrittsarbeit) und gemessener mittlerer Partikelladungen von Ceroxidpartikeln (d_p = 150 nm) als Funktion der Ofentemperatur.

Bei der Modellierung wurde eine konstante Austrittsarbeit der Partikeln zugrunde gelegt. Zum Vergleich ist der Kurvenverlauf mit einer temperaturabhängigen Austrittsarbeit dargestellt. Dabei wurde ein Temperaturkoeffizient $\gamma = 0{,}002\,\mathrm{eV} \cdot \mathrm{K}^{-1}$ angenommen. Der Vergleich zwischen den beiden modellierten Kurven und dem experimentellen Datensatz zeigt, dass der prinzipielle experimentelle Trend insofern richtig wiedergegeben werden kann, als die mittlere Partikelladung zunächst mit steigender Temperatur positiver wird. Der Wechsel der Polartität der mittleren Partikelladung bei etwa 900°C ist eine weitere Übereinstimmung zwischen Experiment und Modellierung mit konstanter Partikelaustrittsarbeit. Allerdings unterscheiden sich die beiden Modellierungen vom Experiment sowohl hinsichtlich der Temperatur, bei der die am stärksten negativ geladenen Partikeln vorkommen, als auch hinsichtlich der Ausprägung von Maximum und Minimum. Während in beiden Modellierungen die betragsmäßig größte mittlere Partikelladung bei 1000°C Ofentemperatur erreicht wird, sind die Partikeln im Experiment bei 1200°C am stärksten negativ geladen.

Der experimentell ermittelte Anstieg der mittleren Partikelladung im Temperaturbereich von 600°C bis 800°C wird mit konstanter Partikelaustrittsarbeit etwas besser wiedergegeben. Jedoch stimmt die temperaturabhängige Partikelaustrittsarbeit bei den höheren Temperaturen (1200°C bis 1400°C) besser mit den Experimenten überein. Bei der Modellierung mit der konstanten Partikelaustrittsarbeit ergeben sich ab 1200°C positive mittlere Partikelladungen, die im Experiment nicht gefunden wurden. Dieser Umstand deutet auf eine Temperaturabhängigkeit der Partikelaustrittsarbeit hin.

7.7. Diskussion der Modellierung

Zusammenfassend kann die Modellierung als erfolgreich angesehen werden, da für alle drei untersuchten Partikelmaterialien Titandioxid, Ceroxid und Platin die im Experiment gefundenen Temperaturabhängigkeiten der Partikelladung prinzipiell richtig wiedergegeben werden. Sie entspricht damit auch richtig der mechanistischen Hypothese, die zu Beginn formuliert wurde. Die Partikelladung wird zunächst (ausser für Ceroxid) mit steigender Temperatur negativer, bis sie bei 1000°C, 1100°C oder 1200°C den betragsmäßig größten negativen Wert erreicht. Mit weiter steigender Temperatur steigt die mittlere Partikelladung wieder an (wird weniger negativ), bis die detektierten Partikeln im Mittel neutral sind. Auf Seiten der Modellierung ist dazu allerdings die Annahme einer

Ionisierungsenergie des Trägergases von deutlich weniger als 8 eV nötig. Der niedrigste Literaturwert eines Luftbestandteils liegt bei 9,25 eV für NO. Wenn, wie Johnston und Kornegay [JK61, KJ63] postulieren, die Energiedifferenz bis zum ersten angeregten Elektronenzustand (statt der Ionisierungsenergie) die entscheidende Aktivierungsenergie für die Produktion von Ionen ist, ist ein Wert von 7 eV (wie er in der Modellierung angenommen wurde) als Maß für die Ionisierung des Trägergases durchaus zu rechtfertigen.

Bedingt durch die Komplexität der zu modellierenden Prozesse sowie das Fehlen von Literaturdaten zu wesentlichen Modellierungsparametern ist eine quantitative Übereinstimmung zwischen Modellierung und Experiment allerdings nicht zu erreichen. Die größten Unterschiede zwischen Modellierung und Experiment werden im Folgenden zusammengefasst:

- Bei der Modellierung resultieren die am stärksten negativ geladenen Partikeln für alle drei Materialien bei 1000°C, während die Experimente die betragsmäßig größten negativen Ladungen bei Titandioxid und Platin bei einer Temperatur 1100°C und bei Ceroxid sogar bei 1200°C zeigten.

- Insgesamt ergab sich in den Experimenten für Temperaturen zwischen 700°C und 1100°C (bzw. im Falle von Ceroxid zwischen 800°C und 1200°C) ein steiler Abfall der mittleren Partikelladung von zunächst leicht positiven mittleren Partikelladungen auf rund -20 Elementarladungen. Bei weiter steigenden Temperaturen stieg die mittlere Partikelladung im Experiment genauso steil wieder an, so dass sich bei 1400°C im Mittel neutrale Partikelladungen ergaben.

  Die Modellierung kann diese starken Abfälle und Anstiege nicht gleichzeitig wiedergeben. Zwar zeigten beispielsweise die Modellierungsdaten für Ionisierungsenergien von 8,0 eV in Abbildung 7.3 bis zu 1100°C eine sehr gute Übereinstimmung mit dem Experiment, allerdings fehlte der zunehmende Ausgleich der mittleren Partikelladung mit weiter steigender Temperatur fast vollständig, so dass die Partikeln auch bei 1400°C noch stark negativ geladen waren. Ähnliches gilt für die in Abbildung 7.5 dargestellten Titandioxiddaten im Falle einer Rohraustrittsarbeit von 4,4 eV.

Trotz der genannten Unterschiede und Probleme ist das Modell sinnvoll. Die richtige Tendenz bei allen drei Materialien lässt den Schluss zu, dass alle für die Aufladung wesentlichen Prozesse berücksichtigt wurden. Insofern ist die Modellierung als weitere Bestätigung (neben den experimentellen Resultaten) der Aufladehypothese zu sehen.

7.7.1. Verlauf der mittleren Partikelladung entlang des Temperaturprofils

Neben der Möglichkeit zum direkten Vergleich am Ofenaustritt gemessener Partikelladungen sagt die Modellierung auch den Verlauf der Ladung entlang des Temperaturprofils im Ofen voraus, wo nicht gemessen werden kann. Die Darstellung wurde dabei in zwei Temperaturbereiche aufgeteilt, weil sich die Aufladungsvorgänge mit und ohne Gasionisation stark unterscheiden.

Maximale Temperatur 1300°C – 1400°C

Abbildung 7.9 gibt einen Überblick über die Aufladungsvorgänge im Innern des Hochtemperaturofens bei Ofentemperaturen von 1300°C und 1400°C. Der linke obere Teil der Abb. 7.9 zeigt den Verlauf der mittleren Partikelladungen von Titandioxidpartikeln (d_P = 150 nm) bei maximalen Ofentemperaturen von 1300°C und 1400°C. Die Entwicklung der Konzentrationen an freien negativen Ionen wird oben rechts verdeutlicht.

Da die Gastemperatur (unten links) unmittelbar nach Eintritt in den Ofen steil ansteigt, kommt es infolge der wachsenden Elektronenemission aus der Rohrwand zu einer starken Erhöhung der Konzentration an freien negativen Ionen. Dieses Überangebot an negativen Gasionen steht zur Diffusionsaufladung zur Verfügung, so dass die mittlere Partikelladung sowohl bei der 1300°C als auch der 1400°C-Kurve bei einer axialen Koordinate von etwa 20 cm ihre am stärksten negative Werte von etwa -18 Elementarladungen erreichen.

Bei Temperaturen oberhalb von etwa 1150°C, die ungefähr an dieser Position erreicht werden, kommt die Emission von Elektronen aus den Partikeln stärker zum Tragen, so dass sich die mittlere Partikelladung in positive Richtung verschiebt und bei 1400°C maximaler Ofentemperatur bei etwa -3 Elementarladungen, bei 1300°C Ofentemperatur bei -10 Elementarladungen ungefähr konstant bleibt.

Der Rückgang der Ofentemperatur ab einer axialen Koordinate von 70 cm führt dazu, dass die Elektronenemission aus den Partikeln an Kraft verliert. Daher führt die An-

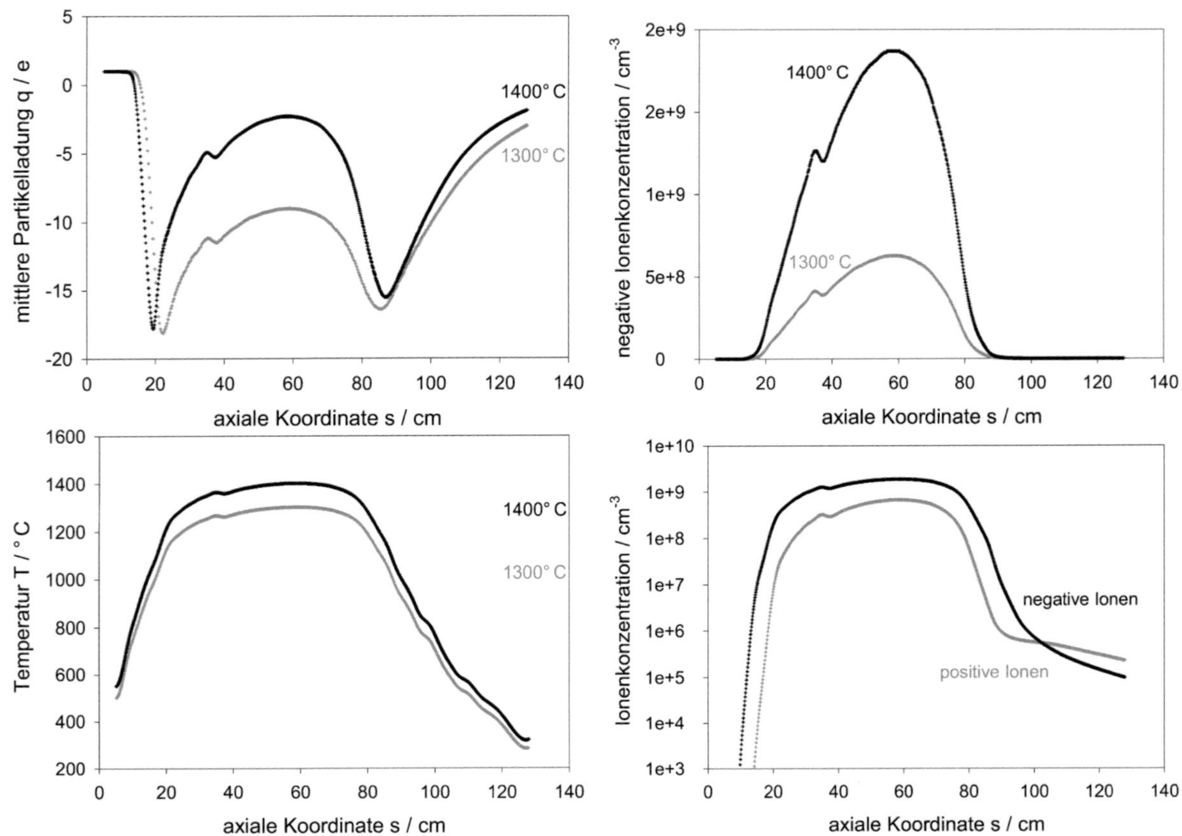

Abb. 7.9.: Modellierter Verlauf von mittlerer Partikelladung, negativer Ionenkonzentration und Temperatur bei maximalen Ofentemperaturen 1300°C und 1400°C, sowie positiver und negativer Ionenkonzentration bei 1400°C.

lagerung weiterer negativer Gasionen dazu, dass die mittleren Partikelladungen wieder negativer werden und sich bei einer axialen Koordinate von etwa 90 cm mittlere Partikelladungen von -15 bzw. -16 Elementarladungen ergeben.

Im weiteren Verlauf gehen die Temperaturen kontinuierlich zurück. Damit sinkt auch die Konzentration an Gasionen, da die Ionensenkenterme weniger stark von der Temperatur abhängen als die Ionenquellterme. Die stark negativen mittleren Partikelladungen werden zunehmend durch Anlagerung positiver Gasionen neutralisiert, obwohl die Konzentration an negativen Gasionen zunächst noch um etwa eine Größenordnung höher ist als die Konzentration an positiven Gasionen (vgl. Abbildung 7.9 unten rechts).

Es ist daher davon auszugehen, dass die Abnahme der negativen Gasionen im wesentlichen auf die elektrostatische Dispersion zurückzuführen ist, da die negativen Ladungen insgesamt dominieren (negative mittlere Partikelladung und höhere Konzentration an negativen Gasionen). Der Rückgang der Konzentration der positiven Gasionen ist wohl vornehmlich durch die Anlagerung an die negativen Partikeln zu erklären. Darüber hinaus bewirkt die Rekombination der Gasionen eine gleich starke Abnahme beider Polaritäten. Ab einer axialen Koordinate von 100 cm liegt die Konzentration an positiven Gasionen höher als die Konzentration an negativen Gasionen, ohne dass ein Einfluss auf die Entladung der Partikeln erkennbar wäre.

Maximale Temperatur 800°C

Abbildung 7.10 stellt die Vorgänge im Innern des Hochtemperaturofens bei einer maximalen Ofentemperatur von 800°C dar. Die mittlere Partikelladung (oben links) bleibt bis etwa zu einer axialen Koordinate von 40 cm konstant bei einem Wert von einer positiven Elementarladung.[2]

Ab 50 cm bewirkt die Temperatur von knapp 800°C einen deutlichen Anstieg der Elektronenemission aus der Rohrwand und somit auch der Konzentration an negativen Gasionen. Die Partikelladung beginnt sich ins Negative zu verschieben. Die maximale Konzentration an negativen Gasionen von etwa 75 000 pro cm^3 wird parallel zur höchsten Temperatur bei einer axialen Koordinate von knapp 80 cm erreicht. Danach sinkt die negative Ionenkonzentration wieder ab, allerdings bleibt der Überschuss an negativen Gasionen bis zum Rohrende erhalten.

[2] Da im Experiment bei der Größenklassierung einfach positiv geladene Partikeln ausgewählt wurden, wird für die Modellierung dieser Startwert genutzt.

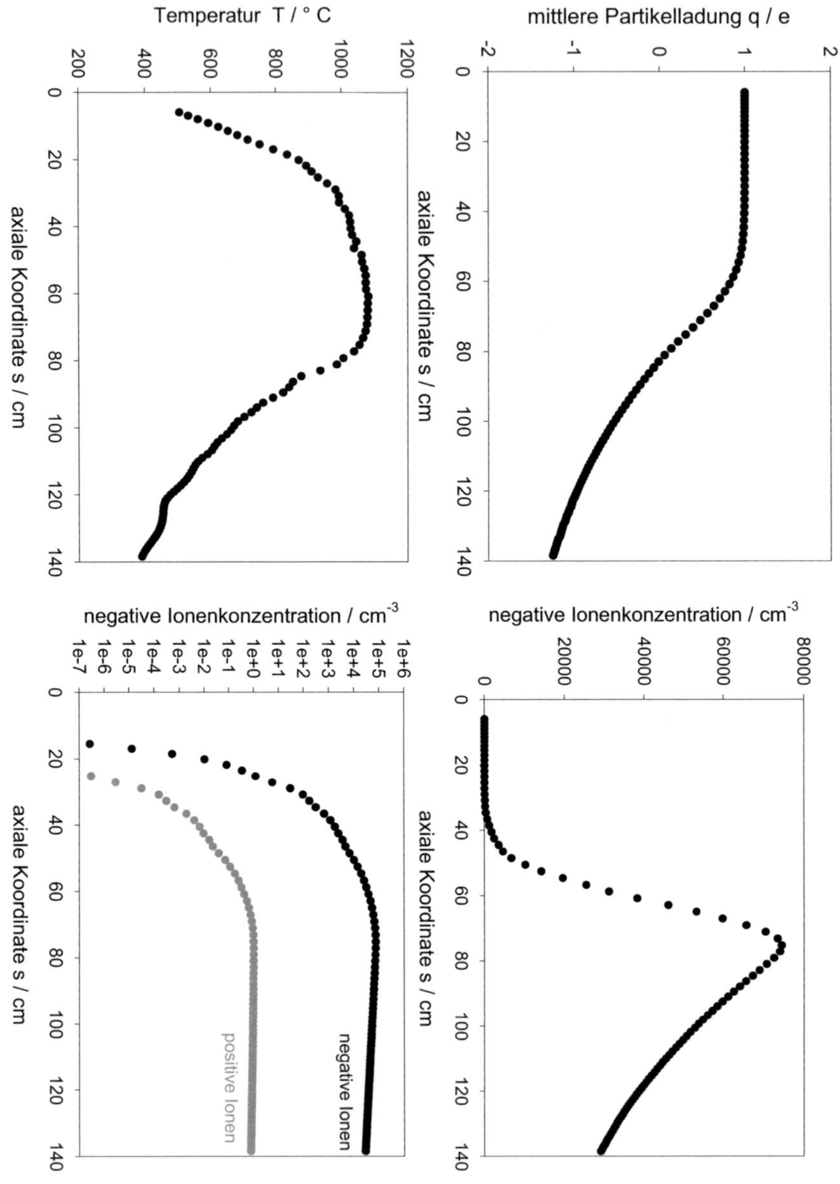

Abb. 7.10.: Modellierter Verlauf von mittlerer Partikelladung, negativer Ionenkonzentration, Temperatur sowie positiven und negativen Ionenkonzentrationen bei einer maximalen Ofentemperaturen von 800°C

Die negativen Gasionen bewirken eine unipolar negative Diffusionsaufladung der Partikeln, weshalb die mittlere Partikelladung im weiteren Verlauf kontinuierlich sinkt (negativer wird) bis sie am Ofenausgang einen Wert von -1,25 Elementarladungen erreicht.

Der Vergleich der Konzentrationen der Ionen beider Polartitäten (unten rechts) bei einer maximalen Ofentemperatur von 800°C zeigt, dass die Konzentration an negativen Ionen um vier bis fünf Zehnerpotenzen höher ist als die Konzentration an positiven Ionen. Die Gasionisation ist bei diesem Temperaturniveau folglich (in Übereinstimmung mit der Aufladungshypothese) als vernachlässigbar anzusehen.

7.7.2. Betrachtung zum Einfluss des elektrischen Feldes

Die vergleichende Betrachtung ergibt für alle drei Ofentemperaturen eine sehr gute Übereinstimmung des modellierten Verlaufs der mittleren Partikelladung mit den Beobachtungen, die beim Absaugen der freien Ladungsträger gemacht wurden.

Modelltechnisch sind die Auswirkungen eines elektrischen Feldes nicht realisiert worden. Unter der Annahme, dass ein elektrisches Feld im Wesentlichen dazu führt, dass alle freien Ladungsträger instantan aus dem System entfernt werden, entspricht die modellierte mittlere Partikelladung am Beginn der Elektrodenzone (also bei einer axialen Koordinate von 98 cm) der im Experiment bei Anliegen der maximalen Spannung gemessenen Partikelladung. Demgegenüber repräsentiert die mittlere Partikelladung am Ende der Modellierung (bei der maximalen axialen Koordinate) das experimentelle Ergebnis im feldfreien Fall.

Bei den modellierten Verläufen für 1300°C und 1400°C maximale Ofentemperatur (vgl. Abbildung 7.9) ist die mittlere Partikelladung bei einer axialen Koordinate von 98 cm mit -11 bzw. -10 Elementarladungen deutlich stärker negativ als beim Modellierungsende mit -3 bzw. -2 Elementarladungen. Dies stimmt sehr gut mit dem in den Experimenten beobachten Verhalten überein. Im Experiment (vgl. Abbildung 4.15) bewirkte das Anlegen eines elektrischen Feldes bei hohen Ofentemperaturen die Verschiebung der mittlere Partikelladung von annähernd neutral nach stark negativ.

Bei einer maximalen Ofentemperatur von 800°C führt die Abscheidung der freien Ladungsträger im elektrischen Feld im Experiment dazu, dass die mittlere Partikelladung weniger negativ bzw. positiver wird (vgl. Abbildung 4.12). Dieses Verhalten wird von der Modellierung ebenfalls gut wiedergegeben. Abbildung 7.10 zeigt an der axialen Koordinate 98 cm eine mittlere Partikelladung von -0,5 Elementarladungen. Am Ende der Modellierung (was dem feldfreien Experiment entspricht) liegt die mittlere Partikelladung bei -1,25 Elementarladungen und ist damit negativer.

8. Zusammenfassung

Ziel der vorliegenden Arbeit war eine detaillierte Untersuchung der Mechanismen und Einflussfaktoren der Hochtemperaturaufladung gasgetragener Partikelsysteme. Dieses Ziel wurde durch Experimente, Modellbildung und Simulation verfolgt. Das beinhaltete die systematische Untersuchung der verfahrenstechnisch bedeutendensten Prozessparameter Temperatur, Partikelanzahlkonzentration und Partikelgröße. Dabei zeigte sich, dass die Partikelladung durch das Zusammenspiel zahlreicher Mechanismen in ausserordentlich komplizierter Weise von der Temperatur, den Materialien von Rohrwand und Partikeln sowie der Zusammensetzung des Trägergases abhängt. Ebenso spielen natürlich die Partikelgröße und Konzentration eine Rolle. Dies führt unter anderem dazu, dass eine Partikel während der Passage eines Rohrofens bei Temperaturen oberhalb von 700°C mehrfach ihren Ladungszustand wechseln und Ladungswerte zwischen +5 und -15 bis -25 Elementarladungen annehmen kann.

Entgegen der bis dato vorherrschenden Ansicht, kann die Emission von Elektronen aus den Partikeln daher nicht alleine für die Partikelaufladung verantwortlich gemacht werden.

Aufgrund dieser Tatsache wurde eine eigene umfassende Modellvorstellung zur Hochtemperaturaufladung entwickelt und dargelegt. Alle Prozesse, die nach dieser Modellvorstellung, ob direkt oder indirekt, für die Hochtemperaturpartikelaufladung von Bedeutung sind, wurden im Grundlagenkapitel ausführlich diskutiert. Die Hauptvorgänge sind dabei die Diffusionsaufladung einer Einzelpartikel im Übergangsbereich wie von Fuchs beschrieben und die thermische Elektronenemission nach Richardson.

Der neue *Modellierungsansatz* war die mathematische Konkretisierung der Modellvorstellung zur Hochtemperaturaufladung. Die Basis war eine inkrementelle Bilanzierung der Ladung einer Partikel (stellvertretend für das Kollektiv) entlang ihrer Bahn durch den Ofen. Die Partikelladung wird durch die thermische Emission von Elektronen aus der Partikel heraus positiver, durch Diffusionsaufladung mit negativen Ionen negativer. Für sehr hohe Temperaturen kommt zu diesen beiden Hauptvorgängen noch die

Diffusionsaufladung mit positiven Ladungen hinzu. Gleichzeitig liegen dann auch freie Elektronen vor, die vereinfachend der negativen Gasionenphase zugerechnet wurden. Implementiert wurde die Modellierung in Matlab.

Bei den *Aufladeversuchen* stand die Validierung der Aufladehypothese im Vordergrund. So schlossen beispielsweise die experimentellen Untersuchungen zum Partikelgrößeneinfluss auf die mittlere Partikelladung bei Anliegen eines elektrischen Feldes einen nachweisbaren Effekt der Feldaufladung auf die Partikelaufladung aus; da die mittlere Partikelladung linear mit der Partikelgröße zunahm, und nicht etwa proportional zur Partikeloberfläche, wie es für einen Feldaufladungsprozess charakteristisch wäre. Bei den Messungen an engverteilten Aerosolen mit mittleren Partikeldurchmessern von 150 nm bei Titandioxid und Ceroxid bzw. 100 nm bei Platin in Luft, bewirkte das Anlegen eines elektrischen Feldes abhängig von der maximalen Ofentemperatur entweder einen Anstieg (positiver werden) der mittleren Partikelladung oder einen Rückgang (negativer werden). Die scheinbar positive Aufladung durch den Abzug der Ladungsträger war bei niedrigeren Ofentemperaturen bis etwa 1000°C zu beobachten. Ursache hierfür war, dass keine freien negativen Gasionen mehr zur weiteren Diffusionsaufladung zur Verfügung standen. Bei den höheren Ofentemperaturen (oberhalb von 1200°C) wurde die scheinbare negative Aufladung der Partikeln durch das Fehlen der freien positiven Ionen bedingt. Diese entstehen bei hohen Temperaturen infolge der Gasionisation und bewirken im unbeeinflussten (feldfreien) Fall, mit steigender Temperatur einen zunehmenden Ausgleich der mittleren Partikelladung.

Beide experimentell beobachteten Phänomene fanden in der *Modellierung* ihre Bestätigung. Der Feldeinfluss war nicht direkt in die Modellierung implementiert worden. Wird eine vollständige Abscheidung aller Ionen am Ort des elektrischen Feldes postuliert, was aufgrund der experimentellen Daten durchaus gerechtfertigt scheint, so entsprechen die Modellierungswerte am Beginn der Elektrodenzone den experimentellen Ergebnissen bei der maximalen elektrischen Feldstärke, da die Aufladung hier angehalten wurde.

Die nach der Abkühlung gemessene unbeeinflusste mittlere Partikelladung von *Ceroxid* als Funktion der maximalen Ofentemperatur veranschaulicht die maximal drei postulierten unterschiedlichen Aufladungsregime.

- Im Temperaturbereich kleiner 800°C wird die mittlere Partikelladung durch die *Emission von Elektronen* aus den Partikeln dominiert. Daher steigt die Partikelladung mit zunehmender Temperatur an, wird also positiver. Voraussetzung hierfür ist allerdings eine geringe Austrittsarbeit des Partikelmaterials.

- Steigt die Temperatur weiter, kehrt sich der Trend um, die mittlere Partikelladung wird zunehmend negativ. Dieses Verhalten ist auf zusätzlich zu der Elektronenemisson aus den Partikeln auftretende Elektronenemission aus dem aerosolführenden Rohr zurückzuführen. Es entsteht ein Überangebot an negativen Gasionen, so dass die *unipolar negative Diffusionsaufladung* den Partikelladungszustand bestimmt.

- Der dritte Aufladungsbereich beginnt bei einer maximalen Ofentemperatur von 1200°C. Infolge der hohen Temperatur führt die Gasionisation dazu, dass neben negativen Gasionen und freien Elektronen auch positive Gasionen vorliegen. Daher wird die mittlere Partikelladung mit zunehmender Temperatur weniger negativ, bis schließlich im Mittel neutrale Partikeln detektiert werden. Diese sind das Ergebnis einer zeitversetzten *bipolaren Diffusionsaufladung*.

Die Existenz der drei Aufladungsregime konnte auch in den Untersuchungen zur *Ladungsverteilung* gezeigt werden. Ein besonders überzeugender Beleg für die zeitversetzte bipolare Diffusionsaufladung (und damit implizit die Gasionisation) war hier die Boltzmannverteilung der Ladungen nach der Ofenpassage bei 1400°C Ofentemperatur ohne ein elektrisches Feld, verglichen mit der durch stark negative Partikeln dominierten Ladungsverteilung, wenn die Aufladevorgänge durch Ionenabsaugung vorzeitig abgebrochen wurden.

Eine alternative Methode zur Bestimmung der mittleren Partikelladung stellte der Einsatz einer Hochtemperatur-Expansionsdüse dar. Im Unterschied zur Messung der unbeeinflussten Partikelladung wurde das Aerosol hier aus dem Innern des Ofens durch eine Expansionsdüse abgesaugt. Durch die stark verkürzte Verweilzeit und den Einsatz einer Ionenfalle wurde der Ladungszustand konserviert, den die Partikeln an der Absaugstelle innehatten. Es zeigte sich, dass die mittlere Partikelladung mit steigender Temperatur zunehmend negativ wurde, weil ein Ausgleich der bereits erworbenen negativen Ladungen durch positive nicht mehr stattfinden konnte. Dieses Verhalten ist in guter Übereinstimmung sowohl mit der Modellvorstellung als auch mit den Ergebnissen der Untersuchungen zum Feldeinfluss auf die mittlere Partikelladung bzw. die Ladungsverteilung bei hohen Temperaturen.

Ein weiterer wichtiger Aspekt der vorliegenden Arbeit war die Untersuchung des *Trägergases* auf das Vorhandensein freier Ladungsträger. Dabei wurden neben Luft auch Stickstoff, Kohlenstoffdioxid, Argon und Helium untersucht. Detektiert wurden ausser in Helium durchweg positive Nettogasladungen. Diese sind auf eine Ionisierung des Trägergases und polaritätsabhängige Verluste zurückzuführen. In Helium wurde (im Unterschied zu Argon als anderem untersuchten Edelgas) überhaupt keine Nettogasladung detektiert, was sich zweifelsfrei auf die extrem hohe Ionisierungsenergie zurückführen lässt.

Die Bedeutung der Ionisierungsenergie des Trägergases zeigte sich bei Messungen zum Einfluss des elektrischen Feldes auf die mittlere Partikelladung bei einer maximalen Ofentemperatur von 1300°C. In Luft, Stickstoff sowie Kohlenstoffdioxid zeigte sich das für die Gasionisation typische Verhalten. Das Absaugen der Ionen im elektrischen Feld führte dazu, dass die mittlere Partikelladung negativer wurde, da (im Unterschied zum feldfreien Fall) keine positiven Gasionen zum Ladungsausgleich mehr zur Verfügung standen. In der Heliumatmosphäre führte das Anlegen eines elektrischen Feldes demgegenüber dazu, dass die Partikeln weniger negativ wurden. Hier konnte es auch im feldfreien Fall nicht zur Anlagerung positiver Gasionen kommen, da das Gas nicht ionisiert war. Die Verschiebung der mittleren Partikelladung in positive Richtung durch das elektrische Feld war vielmehr dadurch bedingt, dass die im Gasstrom vorhandenen negativen Gasionen und freien Elektronen abgesaugt wurden und daher nicht mehr an die Partikeln angelagert werden konnten. Damit konnte der Beweis dafür erbracht werden, dass die Neutralisierung der Partikelladungen bei hohen Temperaturen eine Folge der Ionisierung des Trägergases ist.

In der vorliegenden Arbeit wurden die wesentlichen Faktoren bei der Hochtemperaturaufladung gasgetragener Partikelsysteme erfolgreich identifiziert und in eine Modellvorstellung übertragen. Diese konnte erstens anhand zahlreicher experimenteller Ergebnisse und zweitens durch die prinzipielle Übereinstimmung zwischen experimentellen und Modellierungsergebnissen validiert werden.

A. Versinterung der Titandioxidpartikeln

Die Titandioxidpartikeln versintern im Ofen mit steigender Temperatur zunehmend. Da der einzige zur Verfügung stehende Hochtemperaturofen für die Messungen der mittleren Partikelladung gebraucht wurde, musste diese Einschränkung in Kauf genommen werden. Abbildung A.1 zeigt REM-Aufnahmen (nach dem Ofendurchgang) von Titandioxidpartikeln, die vor dem Ofen im DMA auf einen mobilitätsäquivalenten Durchmesser von 150 nm klassiert worden waren.

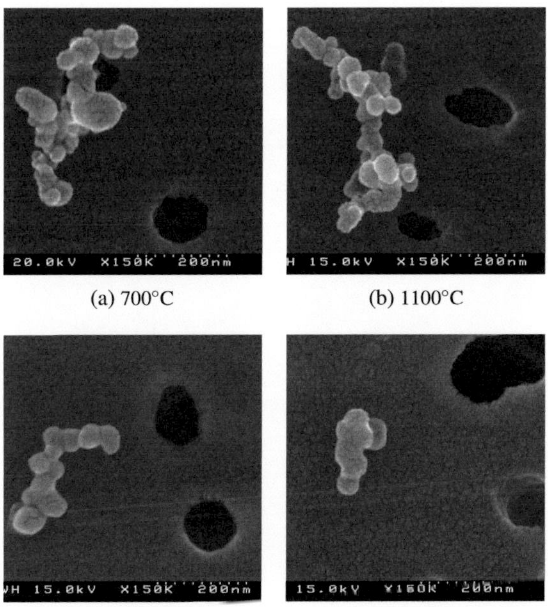

(a) 700°C (b) 1100°C

(c) 1300°C (d) 1400°C

Abb. A.1.: REM-Aufnahmen der Titandioxidpartikeln nach Ofenpassagen bei maximalen Ofentemperaturen von 700°C, 1100°C, 1300°C und 1400°C

Bei den beiden niedrigeren Ofentemperaturen ist keine Versinterung bemerkbar, die dargestellten Partikeln haben eine ähnliche Morphologie wie nach der Generierung (vgl. Abbildung 4.2). Nachdem die Partikeln einer Ofentemperatur von 1300°C ausgesetzt waren, sind die Primärpartikeln teilweise miteinander verschmolzen, es ist aber noch eine Agglomeratstruktur erkennbar. Bei einer Ofentemperatur von 1400°C werden die Titandioxidpartikeln stärker versintert, die dargestellte Partikel besteht nur noch aus ganz wenigen Primärpartikeln mit ausgeprägten Sinterhälsen und ist deutlich kompakter als bei den niedrigeren Ofentemperaturen.

B. Verlauf der konzentrationsabhängigen mittleren Partikelladung entlang des Ofens

In Kapitel 7.5 wurde der Einfluss der Partikelanzahlkonzentration auf die mittlere Partikelladung modelliert. Dabei stellte sich heraus, dass eine Erhöhung der Partikelanzahlkonzentration im Bereich sehr niedriger Partikelkonzentrationen nicht zu einer Abnahme des Betrages der mittleren Partikelladung führt, sondern zu einer geringen Zunahme. Die Erklärung dieses zunächst im Widerspruch zur Aufladungshypothese stehenden Phänomens findet sich in Abbildung B.1.

Der direkte Vergleich zwischen den Verläufen der mittleren Partikelladung entlang der axialen Koordinate (Abbildungsteil (a)) zeigt, dass die Partikeln im Mittel zunächst umso stärker negativ aufgeladen werden, je kleiner ihre Anzahlkonzentration ist. Erst ab einer axialen Koordinate von etwa 80 cm findet nur im Falle der niedrigsten dargestellten Konzentration eine teilweise Entladung statt. Das hat zur Folge, dass sich bei der mittleren Partikelanzahlkonzentration die betragsmäßig höchste mittlere Partikelladung einstellt.

Ursache für die scheinbare Entladung im zweiten Teil des Ofens dürfte die (im Verhältnis zu den anderen beiden Fällen) hohe Konzentration an positiven Ionen sein, die prinzipiell zu einer Diffusionsaufladung zur Verfügung stehen (Abbildungsteil (b)) und gegebenenfalls eine Verschiebung der mittleren Partikelladung in positive Richtung bewirken.

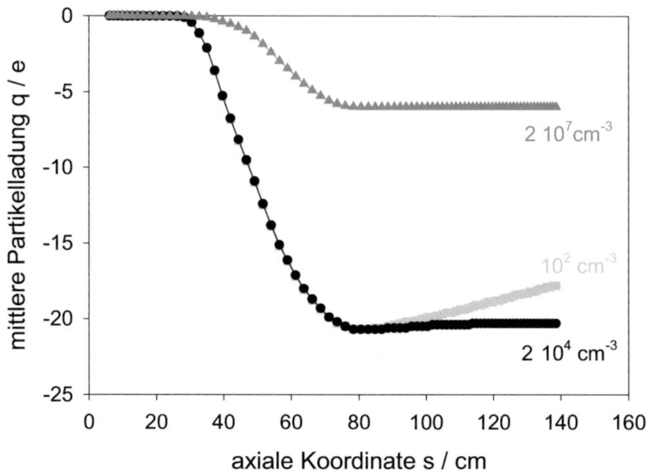

(a) modellierter Verlauf der mittleren Partikelladung bei unterschiedlichen Partikelanzahlkonzentrationen

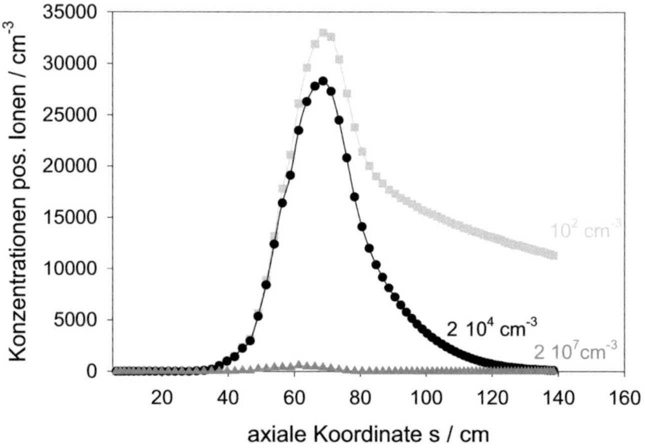

(b) Verlauf der Konzentrationen an positiven Ionen in Abhängigkeit der Partikelanzahlkonzentration

Abb. B.1.: Verlauf der modellierten mittleren Partikelladung (d_p = 150 nm, Partikelaustrittsarbeit 5,6 eV, Rohraustrittsarbeit 4,7 eV und Gasionisierungsenergie 7,0 eV) und der Konzentration an positiven Gasionen während der Ofenpassage bei maximalen Temperaturen von 1000°C als Funktion der axialen Koordinate für Partikelanzahlkonzentrationen von $1 \cdot 10^2$ cm^{-3}, $2 \cdot 10^4$ cm^{-3} und $2 \cdot 10^7$ cm^{-3}.

C. Formelzeichen und Abkürzungen

Konstanten

Bezeichnung	Zeichen	Wert	Einheit
Richardsonkonstante	A	$1,20 \cdot 10^{6}$	$\mathrm{A\,m^{-2}\,K^{-2}}$
Boltzmannkonstante	k	$1,381 \cdot 10^{-23}$	$\mathrm{J\,K^{-1}}$
Dielektrizitätskonstante	ε_0	$8,854 \cdot 10^{-12}$	$\mathrm{C\,V^{-1}m^{-1}}$
Elementarladung	e	$1,602 \cdot 10^{-19}$	C
Kreiszahl	π	3,1416	-
Planck'sches Wirkungsquantum	h	$6,6261 \cdot 10^{-34}$	J s

Griechische Formelzeichen

Zeichen	Einheit	Bezeichnung
α	-	Kollisionswahrscheinlichkeit Fuchsmodell
α_i	-	Ionenrekombinationskoeffizient
β	-	Effizienzfaktor Diff.-aufladung im Übergangsbe.
γ	$\mathrm{eV \cdot K^{-1}}$	Temp.-Koeffizient Elektronenaustrittsarbeit
λ	m	mittlere freie Weglänge
λ_i	m	mittlere freie Weglänge der Ionen
φ	V	elektrostatisches Potenzial
Φ	eV	pot. elektrostat. Energie
$\overline{\Phi}$	eV	Austrittsarbei des Oberflächendurchschnitts der Patches
Φ_A	eV	Elektronenaustrittsarbeit
Φ_+	eV	Austrittsarbeit eines positiven Ions
Φ_{Ioni}	eV	Ionisierungsenergie
σ_{12}	m	binärer Kollisionsdurchmesser

Lateinische Formelzeichen

Zeichen	Einheit	Bezeichnung
B	$\mathrm{s\,kg^{-1}}$	mechanische Mobilität
c_i	$\mathrm{m\,s^{-1}}$	Ionengeschwindigkeit
$\overline{D}$	m	mittlerer Patchdurchmesser
D_i	$\mathrm{m^2s^{-1}}$	Diffusionskoeffizient
E	$\mathrm{Vm^{-1}}$	elektrische Feldstärke
E_{Dis}	$\mathrm{m^{-3}s^{-1}}$	elektrostatischer Dispersionskoeffizient
I	$\mathrm{C\,s^{-1}}$	Ionen-Strom
n_i	$\mathrm{cm^{-3}}$	Ionenkonzentration
N_i	$\mathrm{s^{-1}}$	Nettoionenfluss auf eine Partikel
p	-	Ladungszahl der Partikel
q	C	(mittlere) Partikelladung
r	-	Reflexionskoeffizient
r_P	m	Partikelradius
r_G	m	Grenzkugelradius
T	K	absolute Temperatur
U	eV	Verdampfungswärme
U_I	cal	Ionisierungsenergie
Z_i	$\mathrm{cm^2V^{-1}s^{-1}}$	elektrische Mobilität

D. Abbildungsverzeichnis

2.1 Abhängigkeit der thermionischen Stromdichte von Temperatur 9
2.2 Darstellung von Energieniveaus und Fermi-Energie 14
2.3 Elektrische Feld nahe Oberfläche mit Patches 18
2.4 Potenzielle Energie eines Elektrons 19
2.5 Lineare Feldabhängigkeit der mittleren Ladung 31
2.6 Partikelladung als Funktion des nt-Produktes 32

3.1 Schema der Elektronenemission aus Partikeln inklusive Rekombination von Partikeln und Ionen 41
3.2 Schema der Aufladungsprozesse der Partikeln in einem geheizten Rohr . 43
3.3 Schema der Aufladungsprozesse der Partikeln bei Gasionisation 44

4.1 Versuchsaufbau zur Bestimmung der mittleren Partikelladung nach Ofenpassage 48
4.2 Partikelgrößenverteilung und REM-Aufnahme von Titandioxidpartikeln 49
4.3 Partikelgrößenverteilung und REM-Aufnahme von Platinpartikeln 50
4.4 Partikelgrößenverteilung und REM-Aufnahme von Ceroxidpartikeln 51
4.5 Axiale Temperaturprofile im Ofen 52
4.6 Einfluss der Ofentemperatur auf die mittlere Partikelladung ohne Beeinflussung durch elektrisches Feld 53
4.7 Einfluss der Partikelkonzentration auf die mittlere Partikelladung ohne Beeinflussung durch elektrisches Feld 56
4.8 Einfluss der Partikelgröße auf die mittlere Partikelladung ohne Beeinflussung durch elektrisches Feld 58

4.9 Versuchsaufbau zur Bestimmung der mittleren Partikelladung nach „einfrieren“ durch den Abzug freier Ladungsträger 60
4.10 Mittlere Partikelladung von Ceroxid als Funktion der Partikelgröße . . . 61
4.11 Mittlere Partikelladung von Ceroxidpartikeln als Funktion der Absaugspannung für 600°C und 900°C 63
4.12 Mittlere Partikelladung von Titandioxidpartikeln als Funktion der Absaugspannung für 800°C und 900°C 65
4.13 Mittlere Partikelladung von Platin als Funktion der Absaugspannung für 800°C, 900°C und 1000°C 66
4.14 Einfluss der Wechselspannung auf die mittlere Ladung von Ceroxidpartikeln bei 1400°C 68
4.15 Einfluss der Wechselspannung auf die mittlere Ladung von Titandioxidpartikeln bei 1300°C und 1400°C 69
4.16 Einfluss der Wechselspannung auf die mittlere Ladung von Platinpartikeln bei Temperaturen oberhalb 1200°C 70
4.17 Aufbau zur Messung der Ladungsverteilung größenklassierter Partikeln . 73
4.18 Mobilitätsverteilungen von Ceroxidpartikeln in Luft bei 600°C 75
4.19 Mobilitätsverteilungen von Ceroxidpartikeln in Luft bei 900°C 77
4.20 Mobilitätsverteilungen von Ceroxidpartikeln in Luft bei 900°C 78
4.21 Mobilitätsverteilungen von Ceroxidpartikeln in Luft bei 1400°C 79
4.22 Versuchsaufbau zur Bestimmung der Gasnettoladung 82
4.23 Im FCE gemessene Nettogasladung der partikelfreien Trägergase: Luft, Stickstoff und Helium in unbeladenem Rohr 83
4.24 Im FCE gemessene Nettogasladung der partikelfreien Trägergase: Luft, Stickstoff, Argon und Kohlenstoffdioxid in beladenem Rohr 84
4.25 Mittels Hochtemperatursonde gemessene mittlere Partikelladungen von Titandioxidpartikeln (100nm u. 150nm) als Funktion der Ofentemperatur 87

5.1 Einfluss der Wechselspannung auf die mittlere Ladung von Platinpartikeln in Kohlenstoffdioxid bei Ofen 1200°C, 1300°C und 1400°C 89
5.2 Einfluss der Wechselspannung auf die mittlere Ladung eines Platinpartikelkollektivs in Stickstoff-, Luft- und Heliumatmosphäre bei 1300°C . . 91

6.1 vereinfachtes Modellierungsschema: + kennzeichnet Quellterme , - kennzeichnet Senkenterme 96
6.2 Modellierungsflussbild 101

7.1 Modellierung des Einflusses der Ioneneigenschaften auf die mittlere Partikelladung von Titandioxidpartikeln 104
7.2 Modellierung des Einflusses der Ioneneigenschaften auf die mittlere Partikelladung von Ceroxidpartikeln 105
7.3 Modellierungen des Einflusses der Ionisierungsenergie des Trägergases auf die mittlere Partikelladung von Titandioxidpartikeln 107
7.4 Modellierungen des Einflusses der Ionisierungsenergie des Trägergases auf die mittlere Partikelladung von Platinpartikeln 108
7.5 Modellierungen des Einflusses der Rohraustrittsarbeit auf die mittlere Partikelladung von Titandioxidpartikeln 110
7.6 Modellierte mittlere Partikelladungen als Funktion der Partikelgröße. . . 111
7.7 Modellierte mittlere Partikelladungen bei 1000°C Ofentemperatur als Funktion der Partikelanzahlkonzentration. 112
7.8 Vergleich modellierter und gemessener mittlerer Partikelladungen von Ceroxidpartikeln als Funktion der Ofentemperatur. 114
7.9 Modellierter Verlauf von mittlerer Partikelladung, negativer Ionenkonzentration und Temperatur bei maximalen Ofentemperaturen 1300°C und 1400°C, sowie positiver und negativer Ionenkonzentration bei 1400°C. . 118
7.10 Modellierter Verlauf von mittlerer Partikelladung, negativer Ionenkonzentration, Temperatur sowie positiven und negativen Ionenkonzentrationen bei einer maximalen Ofentemperaturen von 800°C 120

A.1 REM-Aufnahmen der Titandioxidpartikeln nach Ofenpassagen bei maximalen Ofentemperaturen von 700°C, 1100°C, 1300°C und 1400°C . . . 129

B.1 Verlauf der modellierten mittleren Partikelladung und der Konzentration an positiven Gasionen während der Ofenpassage bei maximalen Temperaturen von 1000°C als Funktion der axialen Koordinate für unterschiedliche Partikelanzahlkonzentrationen. 132

E. Tabellenverzeichnis

2.1 Austrittsarbeiten unterschiedlicher kristallographischer Ebenen 17

2.2 20

2.3 Rekombinationskoeffizienten wichtiger Gase nach [Kap55]. 35

2.4 Beispielhafte Zahlenwerte der Gasparameter in Luft bei Standardbedingungen (298 K, 1 bar) nach [Mar06]. 40

4.1 Ionisierungsenergien einiger typischer Gase [aus [Kap55]] 81

7.1 Modellierte Ioneneigenschaften 104

F. Literaturverzeichnis

[AK26] P. Arendt and H. Kallmann. Über den Mechanismus der Aufladung von Nebelteilchen. *Zeitschrift für Physik*, 35(6):421–441, 1926.

[AKA93] B.B. Alchagirov, Kh. B. Khokonov, and R. Kh. Arkhestov. Temperature dependence of the work functions from the alkali metals. *Doklady Akademii Nauk*, 326(1):121–125, 1993.

[AKO85] M. Adachi, Y. Kousaka, and K. Okuyama. Unipolar and bipolar diffusion charging of ultrafine aerosol particles. *J. Aerosol Sci.*, 16(2):109–123, 1985.

[AL98] Mohamed Akbi and André Lefort. Work function measurements of contact materials for industrial use. *J. Phys. D: Appl. Phys.*, 31:1301–1308, 1998.

[AR82] M. D. Allen and O. G. Raabe. Re-evaluation of millikan's oil drop data for the motion of small particles in air. *Journal of Aerosol Science*, 13(6):537–547, 1982.

[BB34] J. A. Becker and W. H. Brattain. The thermionic work function and the slope and intercept of richardson plots. *Phys. Rev.*, 45:694–705, May 1934.

[BC64] E.H. Blevis and C.R. Crowell. Temperature dependence of the work function of single-crystal faces of copper. *Physical Review*, 133(2A):A580–A584, 1964.

[Bec35] J. A. Becker. Thermionic Electron Emission and Adsorption Part I. Thermionic Emission. *Rev. Mod. Phys.*, 7(2):95, Apr 1935.

[BM28] Joseph A. Becker and Donald W. Mueller. On electrical fields near metallic surfaces. *Phys. Rev.*, 31(3):431–440, Mar 1928.

[BMC04] G. Biskos, E. Mastorakos, and N. Collings. Monte-carlo simulation of unipolar diffusion charging for spherical and non-spherical particles. *Journal of Aerosol Science*, 35:707–730, 2004.

[Bri26] P. W. Bridgman. The universal constant of thermionic emission. *Physical Review*, 27:173–180, 1926.

[Bri49] P. J. Bricard. L'equilibre ionique de las basse atmosphere. *Journal of Geophysical Research*, 54(1):39–52, 1949.

[BS95] Bergmann and Schaefer. *Lehrbuch der Experimentalphysik Band 6 Festkörper*. Walter de Gruyter, 1995.

[CC52] S. Chapman and T. G. Cowling. *The mathematical theory of non-uniform gases*. The Syndics of the Cambridge University Press, London, 2. edition, 1952.

[CL78] M. Cardona and L. Ley. *Photoemission in Solids I*, volume 26. Springer-Verlag, Berlin - Heidelberg - New York, 1978.

[CO58] E. U. Condon and Hugh Odishaw. *Chapter 6 Thermionic Emission, Handbook of Physics*, pages 8–75 bis 8–82. Mc Gray Hill, New York, 1958.

[DAJ+01] T. Durakiewicz, A.J. Arko, Joyce J.J., D.P. Moore, and S. Halas. Thermal work function shifts for polycrystalline metal surfaces. *Surface Science*, 478:72–82, 2001.

[DE27] S. Dushman and Jessie W. Ewald. Electron emission from thoriated tungsten. *Phys. Rev.*, 29(6):857–870, Jun 1927.

[DG22] C. Davisson and L. H. Germer. The thermionic work function of tungsten. *Phys. Rev.*, 20(4):300–330, Oct 1922.

[Dre68] M. J. Dresser. The Saha-Langmuir Equation and its Application. *Journal of Applied Physics*, 39(1):338–339, 1968.

[DREK25] S. Dushman, H. N. Rowe, Jessie Ewald, and C. A. Kidner. Electron emission from tungsten, molybdenum and tantalum. *Phys. Rev.*, 25(3):338–360, Mar 1925.

[Dus23] Saul Dushman. Electron emission from metals as a function of temperature. *Phys. Rev.*, 21(6):623–636, Jun 1923.

[EH02] W. Ebeling and S. Hilbert. On saha's equation for partially ionised plasmas and onsager'sbookkeeping rule. *Eur. Phys. J. D*, 20(4):93–101, 2002.

[Fil93] A. V. Filippov. Charging of aerosol in the transition regime. *Journal of Aerosol Science*, 24(4):423–436, 1993.

[Fre14] K. Fredenhagen. Die abgabe negativer elektronen von erhitzten metallen. *Verhandlungen der Deutschen Physikalischen Gesellschaft*, 7:384–397, 1914.

[Fri99] S. K. Friedlander. *Smoke, Dust, and Haze- Fundamentals of Aerosol Dynamics*. Oxford University Press, 1999.

[FS66] V. S. Fomenko and G. V. Samsonov. *HANDBOOK OF THERMIONIC PROPERTIES Electronic Work Functions and Richardson Constants of Elements and Compounds*. Plenum, 1966.

[Fuc47] N. A. Fuchs. On the magnitude of electrical charges carried by particles of atmospheric aerocolloids. *Izvestija Akademii Nauk SSSR, Série géographique et géophysique*, 11(4):341–348, 1947.

[Fuc63] N. A. Fuchs. On the stationary charge distribution on aerosol particles in a bipolar ionic atmosphere. *Pure and Applied Geophysics*, 56(1):185–193, 1963.

[Fuc64] N.A. Fuchs. *The Mechanics of Aerosols*. Pergamon Press, 1964.

[GB67] J. Gentry and J. R. Brock. Unipolar diffusion charging of small aerosol particles. *Journal of Chemical Physics*, 47(1):64–69, 1967.

[Gen72] J. W. Gentry. Charging of aerosol by unipolar diffusion of ions. *Journal of Aerosol Science*, 3:65–76, 1972.

[Hau64] Albert Haug. *Theoretische Festkörperphysik*. Franz Deutike, Wien, 1964.

[HF86] W. A. Hoppel and G. M. Frick. Ion-aerosol attachment coefficients and the steady-state charge distribution on aerosols in a bipolar ion environment. *Aerosol Science and Technology*, 5:1–21, 1986.

[Hin99] W. C. Hinds. *Aerosol Technology - Properties, Behaviour, and Measurement of Airborne Particles*. Johne Wiley and Sons, 1999.

[Hir05] E.H. Hirsch. Thermionic emission change through ambient gas diffusion. *Journal of Physics D-Applied Physics*, 38:2353–2359, 2005.

[HN49] Convers Herring and M.H. Nichols. Work function measurements of contact materials for industrial use. *Rev. Mod. Phys.*, 21:185–270, 1949.

[HS88] D. D. Huang and J. H. Seinfeld. On the relation between binary diffusivity and mean free path. *Journal of Colloid and Interface Science*, 125:733–735, 1988.

[HSM90] D. D. Huang, J. H. Seinfeld, and W. H. Marlow. BGK equation solution of coagulation for large knudsen number aerosols with a singular attractive contact potential. *Journal of Colloid and Interface Science*, 140(1):258–276, 1990.

[IK01] Kh. I. Ibragimov and V. A. Korok'kov. Temperature dependence of the work function of metals and binary alloys. *Inorganic Materials*, 37(6):567–572, 2001.

[Jen08] F. Jentzsch. Über die Elektronenemission glühender Metalloxyde. *Annalen der Physik*, 332(11):129–156, 1908.

[JK61] H. S. Johnston and W. Kornegay. Rate and mechanism of the thermal ionization of xenon. *Trans. Faraday Soc.*, 57:1563–1577, 1961.

[Kap55] N. A. Kapzow. *Elektrische Vorgänge in Gasen und im Vakuum*. VEB Deutscher Verlag der Wissenschaften, Berlin, 1955.

[Kas81] G. Kasper. Electrostatic dispersion of homopolar charged aerosols. *Journal of Colloid and Interface Science*, 81(1):32–40, 1981.

[Kat00] Matthias Katzer. *Untersuchungen zum Wachstum nanoskaliger TiO_2-Agglomeratpartikeln bei der Gasphasensynthese unter dem Einfluss elektrischer Felder*. PhD thesis, Universität Karlsruhe, 2000.

[KB68] W. H. Kasner and Manfred A. Biondi. Temperature dependence of the electron—o2+-ion recombination coefficient. *Phys. Rev.*, 174(1):139–144, Oct 1968.

[Kie86] A. Kiejna. On the temperature dependence of the work function. *Surface Science*, 178:349–358, 1986.

[Kil71] W.D. Kilpatrick. An experimental mass-mobility relation for ions in air at atmospheric pressure. *19th Annual conference on mass spectrometry & allied topics*, pages 320–327, 1971.

[Kin24] K. H. Kingdon. Electron emission from adsorbed films on tungsten. *Phys. Rev.*, 24:510–522, 1924.

[KJ63] W. M. Kornegay and H. S. Johnston. Kinetics of thermal ionization. II. xenon and krypton. *J. Chem. Phys.*, 38(9):2242–2247, 1963.

[KWK01] Matthias Katzer, Alfred P. Weber, and Gerhard Kasper. Collision kinetics and electrostatic dispersion of airborne submicrometer fractal agglomerates. *Journal of Colloid and Interface Science*, 240:67–77, 2001.

[KWZ79] A. Kiejna, K. F. Wojciechowski, and J. Zebrowski. The temperature dependence of the work functions. *J. Phys. F: Metal Phys.*, 9(7):1361–1366, 1979.

[KZ80] A. A. Kirsch and A. V. Zganit'ko. Diffusion charging of submicrometer aerosol particles by unipolar ions. *Journal of Colloid and Interface Science*, 80(1):111–117, 1980.

[Lan13] Irving Langmuir. The effect of space charge and residual gases on thermionic currents in high vacuum. *Phys. Rev.*, 2(6):450–486, Dec 1913.

[Lan23] Irving Langmuir. The effect of space charge and initial velocities on the potential distribution and thermionic current between parallel plane electrodes. *Phys. Rev.*, 21(4):419–435, Apr 1923.

[Lan32] Irving Langmuir. Vapor pressures, evaporation, condensation and adsorption. *Journal of the American Chemical Society*, 54:2798–2832, Jul 1932.

[Law96] P.A. Lawless. Particle charging bounds, symmetry relations, and an analytic charging rate model for the continuum regime. *Aerosol Science*, 27, No.2:191–215, 1996.

[LK23] Irving Langmuir and K. H. Kingdon. Thermionic effects caused by alkali vapors in vacuum tubes. *Science*, 57(1463):58–60, Jan 1923.

[LK25] Irving Langmuir and K.H. Kingdon. Thermionic effects caused by vapours of alkali metals. *Proceedings of the Royal Society of London. Series A, Containing Papers of a Mathematical and Physical Character*, 107(741):61–79, 1925.

[LK04a] A.A. Lushnikov and M. Kulmala. Charging of aerosol particles in the near free-molecule regime. *The European Physical Journal D*, 29:345–355, 2004.

[LK04b] A.A. Lushnikov and M. Kulmala(a). Flux-matching theory of particle charging. *Physical Review E*, 70:046413, 2004.

[Loe47] L. B. Loeb. *Fundamental Processes of Electrical Discharge in Gases*. John Wiley & Sons, New York, 1947.

[LV31] I. Langmuir and D. S. Villars. Oxygen films on tungsten. I. A study of stability by means of electron emission in presence of cesium vapor. *Journal of the American Chemical Society*, 53:486–497, 1931.

[MAMS80] Jack R. McDonald, Marlin H. Anderson, Ronald B. Mosley, and Leslie E. Sparks. Charge measurements on individual particles exiting laboratory precipitators with positive and negative corona at various temperatures. *Journal of Applied Physics*, 51:3632–3643, 1980.

[Mar06] Andreas Marquard. *Unipolare Aufladung nanoskaliger Aerosolpartikeln bei hohen Ladungsträgerdichten*. PhD thesis, Universität Karlsruhe, 2006. Cuvillier Verlag Göttingen.

[Mar07] A. Marquard. Unipolar field and diffusion charging in the transition regime-part I. A 2-D limiting-sphere model. *Aerosol Science and Technology*, 41:597–610, 2007.

[MB75] W. H. Marlow and J. R. Brock. Unipolar charging of small aerosol particles. *Journal of Colloid and Interface Science*, 50(1):32–38, 1975.

[MB97] Martin Mohr and Heinz Burtscher. Photoelectric aerosol charging at high particle concentrations. *Aerosol Science*, 28(4):613–621, 1997.

[MG67] S. Mc Gowan. Ion-ion recombination coefficient II. Measurments in oxygen-nitrogen mixtures. *Canadian Journal of Physics*, 45:439–448, 1967.

[MJF03] Arkadi Maisels, Frank Jordan, and Heinz Fissan. On the effect of charge recombination on the aerosol charge distribution in photocharging systems. *Aerosol Sciene*, 34:117–132, 2003.

[Moh74] V.A. Mohnen. Formation, nature, and mobility of ions of atmospheric importance. *Electrical Processes in Atmospheres*, Session 1: Ions, Basic Research:1–17, 1974.

[MTL59] Y. Manheimer-Timnat and W. Low. Electron density and ionization rate in thermally ionized gases produced by medium strength shock waves. *J. Fluid Mech.*, 6:449–461, 1959.

[Nat60] G. L. Natanson. On the theory of the charging of amicroscopic aerosol particlesas a result of capture of gas ions. *Zhurnal Tekhnicheskoi Fiziki*, 30(5):573–588, 1960.

[Nor28] L. Nordheim. Zur Theorie der thermischen Emission und der Reflexion von Elektronen an Metallen. *Zeitschrift für Physik A Hadrons and Nuclei*, 46(11-12):833–855, 1928.

[Nyg66] K. J. Nygaard. Temperature dependence of the electron-ion recombination coefficient in neon afterglow plasmas. *Physics Letters*, 22(1):56–58, 1966.

[Pfo28] W. S. Pforte. Über die Vergrößerung des Sättigungsstromes von Glühkathoden durch starke elektrische Felder. *Zeitschrift für Physik A Hadrons and Nuclei*, 49(1-2):46–51, 1928.

[Plu46a] P. Pluviange. Etude théorique et expérimentale de la conductivilité électrique dans les nuages non orageux. *Annales de Géophysique*, 2(4):31–54, 1946.

[Plu46b] Philippe Pluvinage. Étude théorique et expérimentale de la conductibilité Életrique dans les nuage non orageux, deuxième partie. *Annales de Géophysique*, 2:160–178, 1946.

[Red98] P.A. Redhead. The birth of electronics: Thermionic emission and vaccum. *J. Vac. Sci. Technol. A*, 16(3):1394–1401, 1998.

[Rei34] A. L. Reimann. The apparent thermionic constant a of clean metals. *Nature*, 133:833, 1934.

[RHKW09] K. Reuter-Hack, G. Kasper, and A. P. Weber. Temperature dependence of the work function of free nanoparticle agglomerates. *Applied Physics A*, 95:629–634, 2009.

[Ric03] O. W. Richardson. The electrical conductivity imparted to a vacuum by hot conductors. *Philosophical Transactions of the Royal Society of London. Series A,*, 201:497–549, 1903.

[Ric13] O. W. Richardson. The emission of electrons from tungsten at high temperatures: An experimental proof that the electric current in metals is carried by electrons. *Science*, 38(967):57–61, 1913.

[Ric15] O. W. Richardson. The influence of gases on the emission of electrons and ions from hot metals. *Proceedings of the Royal Society of London, Series A*, 91(633):524–535, Sep 1915.

[Ric21] O. W. Richardson. *The Emission of Electricity from hot Bodies*. Longmans, Green and Co., London, 2. edition, 1921.

[Ric24] O. W. Richardson. Thermodynamics of electron emission. *Proceedings of the Royal Society of London, Series A*, 105(732):387–405, 1924.

[Ric4b] O. W. Richardson. Electron emission from metals as a function of temperature. *Phys. Rev.*, 23(2):153–155, Feb 1924,b.

[Sah20] M. N. Saha. Ionization in the solar chromosphere. *The London, Edinburgh, and Dublin philosophical magazine and journal of science*, 40:472–488, 1920.

[Sch14] Walter Schottky. Über den Austritt von Elektronen aus Glühdrähten bei verzögernden Potentialen. *Annalen der Physik*, 349(15):1011–1032, 1914.

[Sch15] W. Schlichter. Die spontane Elektronenemission glühender Metalle und das glühelektrische Element. *Annalen der Physik*, 352 bzw. 47(13):573–640, 1915.

[Sch06] Annette Schiel. *Insitu-Messung der elektrischen Ladung von Aerosolpartikeln bei hoher Temperatur*. PhD thesis, Universität Karlsruhe, Karlsruhe, Dezember 2006.

[SFF+00] T. Schwebel, J. Frank, M. Fleischer, H. Meixner, and C. D. Kohl. A new type of gas sensor based on thermionic charge carrier emission. *Sensors and Actuators B*, 68:157–161, 2000.

[She57] Haywood Shelton. Thermionic emission from a planar tantalum crystal. *Phys. Rev.*, 107(6):1553–1557, Sep 1957.

[Smi30] Lloyd P. Smith. The emission of positive ions from tungsten and molybdenum. *Phys. Rev.*, 35(4):381–395, Feb 1930.

[SMS84] S. Saito, T. Maeda, and T. Soumura. Temperature variation of the work function of sputter-cleaned nickel surface. *Surface Science Letters*, 143:L421–L426, 1984.

[SR28] W. Schottky and H. Rothe. *Handbuch der Experimentalphysik, Glühelektroden und technische Elektrodenröhren*, volume 13. Akademische Verlagsgesellschaft M.B.H., Leipzig, 1928.

[Sto16] E. R. Stoekle. Thermionic currents from molybdenum. *Phys. Rev.*, 8(5):534–560, Nov 1916.

[Tam95] H. Tammet. Size and mobility of nanometer particles, clusters and ions. *Journal of Aerosol Science*, 36(3):459–475, 1995.

[Tho99] J. J. Thomson. On the masses of the ions in gases at low pressures. *The London, Edinburgh, and Dublin philosophical magazine and journal of science*, 48:547–567, 1899.

[vA56] M. von Ardenne. *Tabellen der Elektronenphysik, Ionenphysik und Übermikroskopie*. Deutscher Verlag der Wissenschaften, 1956.

[Weh04] A. Wehnelt. Über den Austritt negativer Ionen aus glühenden Metallverbindungen und damit zusammenhängende Erscheinungen. *Annalen der Physik*, 319(8):425–468, 1904.

[WH92] Ch. Weißmantel and C. Hamann. *Grundlagen der Festkörperphysik*. Johann Ambrosius Barth Verlag, Heidelberg - Leipzig, 4. edition, 1992.

[Wil08] H. A. Wilson. The effect of hydrogen on the discharge of negative electricity from hot platinum. *Philosphical Transactions A*, 208:247–273, 1908.

[Wil17] W. Wilson. The loss in energy of wehnelt cathodes by electron emission. *Proceedings of the National Academy of Sciences of the United States of America,*, 3(6):426–427, Jun 1917.

[Wil66] R. G. Wilson. Vacuum Thermionic Work Functions of Polycrystalline Be, Ti, Cr , Fe, Ni, Cu, Pt, and Type 304 Stainless Steel. *Journal of Applied Physics*, 37(6):2261–2267, 1966.

[Woo81] David M. Wood. Classical size dependence of the work function of small metallic spheres. *Phys. Rev. Lett.*, 46(11):749, Mar 1981.

[Wri41] R. W. Wright. Positive and negative thermionic emission from molybdenum. *Phys. Rev.*, 60(6):465–467, Sep 1941.

[WSK+87] B. Woratschek, W. Sesselmann, J. Küppers, G. Ertl, and H. Haberland. The interaction of cesium with oxygen. *J. Chem. Phys.*, 86(4):2411–2422, 1987.

[WTK02] Kin Wong, George Tikhonoc, and Vitaly V. Kresin. Temperature-dependent work function of free alkali-metal nanoparticles. *Physical Review B*, 66:125401–1–125401–50, 2002.